Leitfäden und Monographien
der Informatik

Werner Erhard
Parallelrechnerstrukturen

Leitfäden und Monographien der Informatik

Herausgegeben von

Prof. Dr. Hans-Jürgen Appelrath, Oldenburg
Prof. Dr. Volker Claus, Oldenburg
Prof. Dr. Günter Hotz, Saarbrücken
Prof. Dr. Klaus Waldschmidt, Frankfurt

Die Leitfäden und Monographien behandeln Themen aus der Theoretischen, Praktischen und Technischen Informatik entsprechend dem aktuellen Stand der Wissenschaft. Besonderer Wert wird auf eine systematische und fundierte Darstellung des jeweiligen Gebietes gelegt. Die Bücher dieser Reihe sind einerseits als Grundlage und Ergänzung zu Vorlesungen der Informatik und andererseits als Standardwerke für die selbständige Einarbeitung in umfassende Themenbereiche der Informatik konzipiert. Sie sprechen vorwiegend Studierende und Lehrende in Informatik-Studiengängen an Hochschulen an, dienen aber auch in Wirtschaft, Industrie und Verwaltung tätigen Informatikern zur Fortbildung im Zuge der fortschreitenden Wissenschaft.

Parallelrechnerstrukturen

Synthese von Architektur, Kommunikation und Algorithmus

Von Dr. Ing. habil. Werner Erhard
Universität Erlangen-Nürnberg

Mit zahlreichen Bildern und Beispielen

Springer Fachmedien Wiesbaden GmbH

Dr. Ing. habil. Werner Erhard

Geboren 1949 in Nürnberg. Studium der Mathematik von 1968 bis 1974, Promotion 1986 und Habilitation im Fachgebiet Rechnerarchitektur 1990 in Erlangen. Abteilungsleiter am Lehrstuhl für Rechnerarchitektur und Verkehrstheorie an der Universität Erlangen-Nürnberg.

CIP-Titelaufnahme der Deutschen Bibliothek

Werner, Erhard:
Parallelrechnerstrukturen : Synthese von Architektur,
Kommunikation und Algorithmus / von Werner Erhard. –
Stuttgart : Teubner, 1990
  (Leitfäden und Monographien der Informatik)
ISBN 978-3-519-02243-5   ISBN 978-3-663-10991-4 (eBook)
DOI 10.1007/978-3-663-10991-4

Gesamtherstellung: Zechnersche Buchdruckerei GmbH, Speyer
Einband: P.P.K,S-Konzepte, T. Koch, Ostfildern/Stuttgart

Vorwort

In den letzten Jahren sind ein Vielzahl neuer
Rechnerstrukturen entstanden. Diese unterscheiden sich sehr
stark in der Anzahl der Prozessoren, in den Möglichkeiten
der Kommunikation und damit auch in der Leistungsfähigkeit.
Für den Benutzer solcher parallelen Architekturen wird es
immer schwieriger, seine Probleme effizient auf einem
bestimmten System zum Laufen zu bringen.
Es genügt nicht mehr, einen Algorithmus für eine Problemstellung zu finden und zu programmieren. Der Benutzer muß
in Kenntnis der Architektur den Algorithmus finden, der auf
der ausgewählten Struktur eine effiziente Behandlung der
Problemstellung gewährleistet.
Es wird immer klarer, daß die Architektur, die
Kommunikation und der gewählte Algorithmus als Einheit zu
sehen sind.
Dieses Buch soll sowohl dem Studenten als auch dem
Praktiker eine Einführung in die Hard- und Software von
Parallelrechnerarchitekturen geben und ihm ein Gefühl für
das notwendige Zusammenspiel der Komponenten Architektur,
Kommunikation und Algorithmus vermitteln.
Es werden Grundkenntnisse in Rechnerarchitektur und
Linearer Algebra für das Verständnis dieses Buches voraus-
gesetzt.

Mein besonderer Dank gilt den Professoren Dr. U. Herzog, Dr. W. Händler und Dr. W.D. Geyer, die diese Arbeit begutachtet haben. Mein Dank gilt insbesondere auch Frau Chr. Moog, die mit großer Geduld die Bilder für dieses Buch gezeichnet hat.

Letztlich gilt mein Dank auch den Herausgebern der Reihe "Leitfäden und Monographien der Informatik" sowie dem Teubner-Verlag, die die Herausgabe dieses Buches ermöglichten.

Erlangen, im Juni 1990   Werner Erhard

Inhaltsverzeichnis

I. Übersicht

1. Einführung und Motivation
2. Problemstellung und Ziel der Arbeit
3. Bedeutung
4. Inhalt der Arbeit

Nach einer allgemeinen Einführung in das Thema "Parallelrechner " wird die Problemstellung diskutiert, die dieser Arbeit zugrunde liegt. Die Bedeutung dieser Untersuchungen erkennt man, wenn man den hohen Rechenzeitbedarf bei der Lösung von Problemstellungen gerade in den Natur- und Ingenieurwissenschaften betrachtet. Solche "großen" Problemstellungen können in naher Zukunft nur dann gelöst werden, wenn hochgradig parallele Rechnerstrukturen, schnelle Kommunikationspfade und an die Struktur des Rechners angepaßte Lösungsalgorithmen zur Verfügung gestellt werden.

Im letzten Abschnitt wird eine ausführliche Übersicht über den Inhalt der einzelnen Kapitel gegeben.

1. Einführung und Motivation

Die Entwicklung bei Höchstleistungsrechnern hat in den letzten Jahren dazu geführt, daß die konventionellen von-Neumann-Rechner immer schneller und leistungsfähiger wurden. Die Weiterentwicklung stößt aber an technologische Grenzen und verlangsamt sich dadurch. Dies führt dazu, daß Strukturfragen zunehmend in den Vordergrund treten.

Überlegungen, Problemstellungen mit mehreren Prozessoren gleichzeitig zu bearbeiten, haben zu den unterschiedlichsten Rechnerstrukturen geführt.

Zum einen wird versucht, in das von-Neumann-Konzept parallel arbeitende Elemente zu integrieren. So werden Spezialprozessoren eingebaut, die für bestimmte Aufgaben, wie z.B. Datentransfer mit peripheren Geräten, logische oder arithmetische Operationen, optimiert sind. Ein Beispiel hierfür ist die CD6600 von Control Data.

Zum anderen führen Strukturüberlegungen zu vollkommen neuen Architekturen. Es entstanden und entstehen Pipeline-Rechner, Feldrechner oder Multiprozessorsysteme mit einer unterschiedlichen Anzahl von Prozessoren. Sie reicht von einigen wenigen bis zu tausenden. Die Leistungsfähigkeit dieser Rechner ist im Vergleich zu seriellen Maschinen enorm hoch.

Für die Benutzer dieser neuartigen Rechner wird es aber zunehmend schwieriger, ihre Aufgabenstellung auf die neue Struktur zu übertragen.

Für die Programmierung zur "optimalen" Ausnutzung der Rechenleistung sind Kenntnisse über die Rechnerstruktur und die Kommunikation in diesen Rechnern unerläßlich.

Gerade die VLSI-Technologie mit ihrem vielfältigen Angebot an Bausteinen trägt dazu bei, daß Rechnerarchitekten kostengünstig weitere neuartige Strukturen entwerfen und realisieren können.

Andererseits sind für diesen Hardware-Entwurf Kenntnisse über die später auf diesen Strukturen ablaufenden Problemlösungen und die Lösungsalgorithmen unabdingbar.

Damit wird die große **Wechselwirkung** zwischen den **Rechnerstrukturen** und den **Lösungsalgorithmen** deutlich sichtbar.

2. Problemstellung und Ziel der Arbeit

So unterschiedlich die Architektur von Parallelrechnern ist, so gemeinsam ist allen das Problem, auf konventionellen (seriellen) Rechnern vorhandene Algorithmen an die Struktur der Parallelrechner anzupassen, um die höchstmögliche Leistung zu erreichen.

Da diese Anpassung für jede Architektur neu gemacht werden muß, ist dies ein Hauptgrund für die geringe Verbreitung von Parallelrechnern.

Bei den Forschungsarbeiten in Erlangen haben sich zwei Vorgehensweisen, um Algorithmen auf neuartige Strukturen abzubilden, als sinnvoll erwiesen:

1. Man betrachtet bestehende Algorithmen und verändert sie unter besonderer Berücksichtigung der neuen Architektur

2. Man entwirft vollkommen neue Algorithmen unter Berücksichtigung des Architekturkonzepts

Im 2. Fall sieht man oftmals, daß man Vorgänge, die durch die Programmierung am seriellen Rechner ihre natürliche Parallelität eingebüßt haben, durchaus wieder parallel ausführen kann.

Zwei Beispiele sollen dies verdeutlichen. Als Architektur-
konzept wird der Feldrechner DAP gewählt. Zum Verständnis
der Beispiele muß man an dieser Stelle nur sagen, daß es
sich beim DAP um ein zweidimensionales Feld von Prozessoren
handelt (siehe Bild 1), die alle dasselbe auf unterschiedlichen Daten tun (SIMD-Prinzip) und von denen eine
beliebige Anzahl während einer Operation stillgelegt werden
kann. Eine ausführliche Beschreibung findet sich in
Kapitel II, 5.2.2.

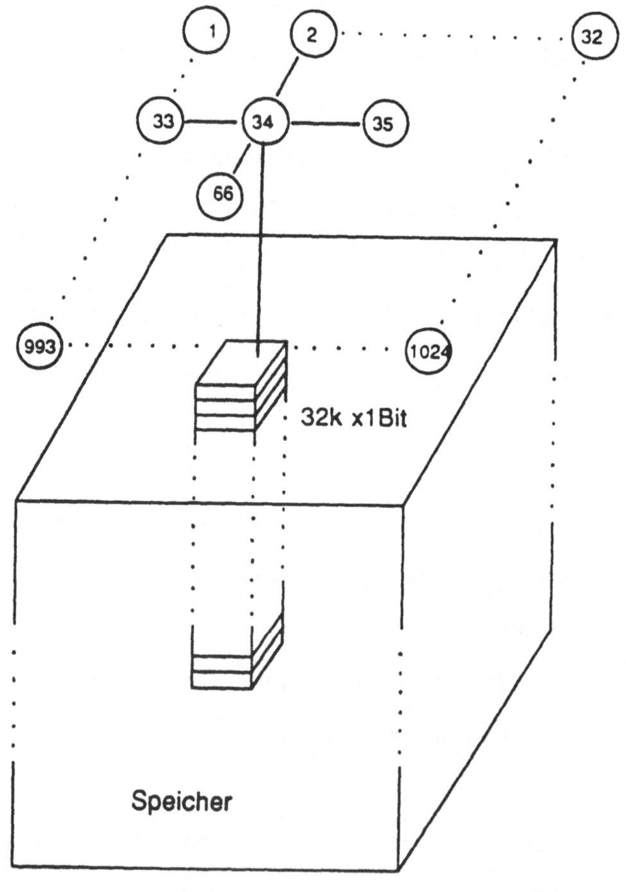

Bild 1

Das 1. Beispiel zeigt, wie man durch Veränderungen an einem vorhandenen Algorithmus, diesen an die neue Struktur anpassen kann.

Beispiel 1: Lösung eines linearen Gleichungssystems

Wir betrachten die Lösung eines linearen Gleichungssystems

$$Ax = b \qquad \text{mit} \quad \dim(A) = n$$

Für serielle Rechner erhält man die Lösung durch Anwendung der **Gauß-Elimination**. Dabei wird das ursprüngliche Gleichungssystem Ax=b übergeführt in ein Gleichungssystem Dx=b', wobei D eine obere Dreiecksmatrix ist.
Durch Rücksubstitution kann man dann den Lösungsvektor x berechnen.
Beispiel:

$$\begin{pmatrix} 1 & 3 & 7 & 1 \\ 1 & 4 & 9 & 2 \\ 2 & 8 & 19 & 3 \\ 3 & 13 & 33 & 4 \end{pmatrix} x = \begin{pmatrix} 32 \\ 44 \\ 87 \\ 144 \end{pmatrix}$$

Daraus entsteht durch Subtraktion eines Vielfachen der k-ten Zeile von den Zeilen k+1,k+2,.....,n im k-ten Schritt das Gleichungssystem

$$\begin{pmatrix} 1 & 3 & 7 & 1 \\ 0 & 1 & 2 & 1 \\ 0 & 0 & 1 & -1 \\ 0 & 0 & 0 & 1 \end{pmatrix} x = \begin{pmatrix} 32 \\ 12 \\ -1 \\ 4 \end{pmatrix}$$

Durch Rücksubstitution erhält man den Lösungsvektor

$$x = \begin{pmatrix} 1 \\ 2 \\ 3 \\ 4 \end{pmatrix}$$

Die Anzahl der auszuführenden Operationen ist proportional zu n^3 und für serielle Rechner ist dies das kosten- günstigste Berechnungsverfahren.

Betrachtet man die Auslastung am Beispiel des DAP, so sieht man, daß bei der Erstellung der Dreiecksmatrix im Mittel nur die Hälfte der Prozessoren beschäftigt ist. Die Rechen- zeit bei n^2 Prozessoren ist für die Erstellung der Dreiecksmatrix proportional n. Dies gilt auch für die Rücksubstitution. Die Gesamtrechenzeit ist damit proportional zu 2n.

Durch eine geringfügige Modifikation des Verfahrens kommt man zum **Gauß-Jordan-Verfahren**.

Hier wird im k-ten Schritt ein Vielfaches der k-ten Zeile von den Zeilen 1, 2,....,k-1,k+1,....,n subtrahiert.

Man erhält aus dem ursprünglichen Gleichungssystem dann

$$\begin{pmatrix} 1 & 0 & 0 & 0 \\ 0 & 1 & 0 & 0 \\ 0 & 0 & 1 & 0 \\ 0 & 0 & 0 & 1 \end{pmatrix} x = \begin{pmatrix} 1 \\ 2 \\ 3 \\ 4 \end{pmatrix}$$

Das bedeutet, daß keine Rücksubstitution mehr notwendig ist, da auf der rechten Seite bereits der Lösungsvektor steht.

Auch bei diesem Verfahren sind im Mittel nur die Hälfte der Prozessoren ausgelastet. Da aber die Rücksubstitution entfällt ist mit n^2 Prozessoren die Rechenzeit proportional zu n.

Das 2. Beispiel zeigt, daß es durchaus sinnvoll sein kann, sich nicht auf vorhandene serielle Programme zu beziehen, sondern für eine gegebene Problemstellung unter Berücksichtigung der Rechnerstruktur einen neuen Algorithmus zu entwickeln.

<u>Beispiel 2:</u> Jedem Element eines Vektors der Länge 1024 wird als Wert seine Platzziffer zugeordnet

Im seriellen Fall müssen 1024 Wertzuweisungen gemacht werden. Allgemein ist der Rechenaufwand proportional zu der Vektorlänge n.

Bei der Lösung am DAP wird der Vektor zunächst spaltenweise auf eine Matrix der Größe 32x32 = 1024 Elemente abgebildet. Danach wird das folgende Programmstück abgearbeitet, dessen Ergebnisse in der anschließenden Tabelle dargestellt werden.

```
        INTEGER M(,),V(),P
C       Vereinbarung einer Matrix M der Dimension 32, eines
C       Vektors V der Länge 32 und eines Skalars P
        V=0
        P=1
C       Vorbesetzen des Skalars P mit 1 und aller Elemente
C       des Vektors V mit 0
        DO 1 K=1,5
        V(ALT(P))=V+P
C       Implizite Maskierung des Vektors V. Dabei ist
C       ALT(P) ein logischer Vektor.
C       Die Wertzuweisung wird nur bei den Vektorelementen
C       von V durchgeführt für die ALT(P) den Wert TRUE hat
1       P=2*P
        M=MATC(V)+MATR(32*V)+1
C       Die Funktionen MATC und MATR liefern Matrizen mit
C       identischen Spalten bzw. Zeilen
        END
```

Beim Abarbeiten des Programms erhält man folgende Werte:

K	P	ALT(P)	V
1	1	FTFTFTFT.....	010101010101.......
2	2	FFTTFFTT.....	012301230123.......
3	4	FFFFTTTTFFFFTTTT....	0123456701234567........
4	8	FFFFFFFFTTTTTTTTFF..	0123456789 10 11 12 13 14 15 ..
5	16	FFFFFFFFFFFFFFFFTTTT..	0123456789 10 31

Die letzte Anweisung ergibt dann das gesuchte M

$$M = \begin{pmatrix} 0 & \ldots\ldots\ldots & 0 \\ 1 & & 1 \\ 2 & & 2 \\ \cdot & & \cdot \\ \cdot & & \cdot \\ \cdot & & \cdot \\ \cdot & & \cdot \\ \cdot & & \cdot \\ 31 & \ldots\ldots\ldots & 31 \end{pmatrix} + \begin{pmatrix} 0 & 32 & 64 & \ldots\ldots & 992 \\ \cdot & & & & \cdot \\ \cdot & & & & \cdot \\ \cdot & & & & \cdot \\ \cdot & & & & \cdot \\ \cdot & & & & \cdot \\ \cdot & & & & \cdot \\ \cdot & & & & \cdot \\ 0 & 32 & 64 & \ldots\ldots & 992 \end{pmatrix} + \begin{pmatrix} 1 & \ldots\ldots & 1 \\ \cdot & & \cdot \\ \cdot & & \cdot \\ \cdot & & \cdot \\ \cdot & & \cdot \\ \cdot & & \cdot \\ \cdot & & \cdot \\ \cdot & & \cdot \\ 1 & \ldots\ldots & 1 \end{pmatrix}$$

$$= \begin{pmatrix} 1 & 33 & 65 & \ldots\ldots\ldots\ldots & 993 \\ 2 & 34 & 66 & & 994 \\ 3 & 35 & 67 & & 995 \\ \cdot & & & & \cdot \\ \cdot & & & & \cdot \\ \cdot & & & & \cdot \\ \cdot & & & & \cdot \\ \cdot & & & & \cdot \\ \cdot & & & & \cdot \\ 32 & 64 & 96 & \ldots\ldots\ldots & 1024 \end{pmatrix}$$

Die Laufschleife als Kernstück des Programms wird in unserem Beispiel fünfmal bei einer Vektorlänge von n = 1024 durchlaufen.

Allgemein kann man sagen, daß der Rechenaufwand am DAP mit n Prozessoren proportional zu $ld(\sqrt{n})$ ist.

Dieses Beispiel zeigt, wie sich ein Problem, das auf den ersten Blick rein seriell erscheint, durch die Konstruktion eines neuen Algorithmuses unter Berücksichtigung der Struktur des Rechners parallelisieren läßt.

Wenn man dieses Beispiel genauer betrachtet, sieht man, daß für die Leistungsfähigkeit neuartiger Rechnerstrukturen nicht nur die Art und Anzahl der Prozessoren ausschlaggebend ist. Die letzte Anweisung im Programm bewirkt, daß eine große Anzahl von Daten transportiert werden muß. Diese Datenvervielfachung kann nur dann effizient sein, wenn die Kommunikation der Prozessoren untereinander problem-effizient funktioniert.

Ziel der Arbeit ist es, Methoden anzugeben, wie Problemstellungen unter Berücksichtigung der Rechner-struktur und der Kommunikationsmechanismen in dieser Struktur parallelisiert werden können.

Zur Bewertung der unterschiedlichen Strukturen und Algorithmen werden Bewertungskriterien erarbeitet.

So läßt sich mit Hilfe der

- Zeitkomplexität ein Algorithmus unabhängig von der
  Implementierung bewerten (Kapitel IV),
- Kommunikationszeiten erlauben die Bewertung von
  Netzwerken (Kapitel III) und die
- Berechnung von Kenngrößen wie z.B. Speed-up oder
  Effizienz und der Einsatz von Benchmarks (Kapitel V)
  lassen die Beurteilung der gesamten Systeme zu.

Da es in Erlangen neben einer großen Tradition mit
Multiprozessoren auch eine langjährige Erfahrung mit
Feldrechnern gibt, werden Beispiele und Implementierungen
exemplarisch am Feldrechner DAP dargestellt.

3. Bedeutung

Bei der Untersuchung verschiedenartiger Problemstellungen in den Ingenieurwissenschaften hat es sich gezeigt, daß die Anpassung serieller Programme an neuartige Rechner zwar in Einzelfällen durchaus gute Ergebnisse gebracht hat. Durchschlagende Erfolge sind aber immer nur dann möglich, wenn die Problemstellung zum Ausgangspunkt für die Konstruktion paralleler Algorithmen gemacht wird. Die Erfolge sind hier bei weitem größer als bei der reinen Anpassung serieller Programme.

Dies liegt unter anderem daran, daß die erzwungene serielle Abarbeitung oft in der Problemstellung gar nicht enthalten ist und bei der Anpassung durch "Klimmzüge" wieder ausgebügelt werden muß.

Es ist deshalb notwendig, ingenieurwissenschaftliche Problemstellungen auf parallele Lösungsmöglichkeiten zu untersuchen und neue Algorithmen für spezielle Rechnerstrukturen zu entwerfen.

4. Inhalt der Arbeit

Vier wesentliche Gesichtspunkte bestimmen den Aufbau und den Inhalt der vorliegenden Arbeit. Es wird versucht,

- die unterschiedliche Architektur paralleler Rechner und die verschiedenartige Kommunikation in diesen Rechnern darzustellen,

- Algorithmen auf ihre Eignung für Parallelverarbeitung zu untersuchen und allgemeine Konstruktionsprizipien anzugeben,

- die Leistungsfähigkeit dieser neuartigen Strukturen unter Berücksichtigung spezieller Algorithmen zu bewerten und

- das Prinzip der Bitalgorithmen, bei dem Standardfunktionen in der Größenordnung einer Gleitpunktmultiplikationszeit berechnet werden, als Beispiel für schnelle Algorithmen für neuartige Strukturen ausführlich darzustellen und auf serielle Rechner zu übertragen. Dabei wird gezeigt, daß die Berechnungszeiten für diese Funktionen auch im seriellen Fall in der Größenordnung einer Gleitpunktmultiplikationszeit bleiben.

In Kapitel II werden die verschiedenen Möglichkeiten und Konzepte der Parallelverarbeitung aufgezeigt und an ausgewählten Beispielen veranschaulicht sowie zukünftige Entwicklungsmöglichkeiten betrachtet.

In Kapitel III wird die Kommunikation in neuartigen Rechnern vorgestellt und die Eignung für bestimmte Problemstellungen untersucht.

In Kapitel IV werden Konstruktionselemente für parallele Algorithmen vorgestellt und übertragen auf Problemstellungen und Algorithmen aus der linearen Algebra. Hier werden schwerpunktmäßig Operationen auf <u>Matrizen</u> (Multiplikation, Lösung von Gleichungssystemen und Systemen von Differentialgleichungen) unter spezieller Berücksichtigung der Struktur von Feldrechnern behandelt. Anhand des DAP werden Lösungsbeispiele zu den Algorithmen erläutert.

In Kapitel V werden Kenngrößen für die Leistungsbewertung der strukturell unterschiedlichen Rechner definiert. Mit diesen Größen wird anschließend eine Leistungsbewertung und ein Vergleich paralleler Rechner durchgeführt.

Kapitel VI behandelt die Bitalgorithmen zur schnellen Berechnung von Standardfunktionen wie Quadratwurzel, Logarithmus, Sinus und Cosinus.
Mit Hilfe von einfachen und schnellen Grundoperationen wie Addition, Schiebeoperationen, Bit setzen und Tabellenzugriffen wird der Wert der Funktionen in der Größenordnung einer Gleitpunktmultiplikationszeit berechnet.

In seriellen Rechner werden diese Standardfunktionen meist mit Reihenentwicklungen berechnet. Die Berechnungsdauer beträgt deshalb ein Vielfaches der Gleitpunktmultiplikationszeit. Wir haben das Prinzip der Bitalgorithmen aus diesem Grund übertragen auf serielle Rechner. Wir werden zeigen, daß durch diese Übertragung die Leistungsaussagen, die für parallele Rechner gelten, bestehen bleiben. Dies bedeutet, daß auch auf seriellen Rechnern die Berechnung von Standardfunktionen in der Größenordnung einer Gleitpunktmultiplikationszeit möglich ist.

Zum Abschluß wird in Kapitel VII eine kurze Zusammenfassung gemacht und die Probleme beschrieben, die in Zukunft gelöst werden müssen.

In letzter Zeit sind einige Arbeiten über neuartige Rechnerstrukturen erschienen <Quin87>, <Rege87>, <Unge89>. Sie beschäftigen sich jedoch meist nur mit Teilaspekten wie z.B. Architekturfragen oder Algorithmenentwicklung.
In der vorliegenden Arbeit wird versucht, das Zusammenspiel von wichtigen Leistungsmerkmalen für neuartige Rechner wie Architektur, Kommunikation und Algorithmus zu erklären und an Beispielen zu verdeutlichen.
Auf Betriebssystemfragen soll an dieser Stelle nicht eingegangen werden.

Für das Verständnis wird nur sehr wenig Grundwissen vorausgesetzt. Zum einen sind dies Grundkenntnisse in Rechnerarchitektur, wie sie z.B. in <Bode80> oder <Kuck78>
vermittelt werden, zum anderen Grundwissen in linearer
Algebra, das man sich z. B. mit <Zurm65> aneignen kann.

II. Parallelrechnerarchitekturen

Die Fortschritte in der Halbleitertechnologie haben in den letzten Jahren zu einer enormen Leistungssteigerung bei Rechenanlagen geführt.

Immer mehr jedoch treten, neben dem Bemühen um die Verbesserung der Technologie, Strukturfragen in den Vordergrund. Dies vor allem auch deshalb, weil man mit der jetzigen Technologie an physikalische Grenzen stößt. Es hat sich schon früh gezeigt, daß die Auslastung und Verfügbarkeit von Systemen durch angemessene Strukturen wesentlich verbessert werden kann <Hock81>,<Kowa84>.

In diesem Kapitel wollen wir uns mit dem <u>Leistungsmerkmal Architektur</u> von parallelen Rechnern befassen und betrachten dazu zunächst die grundsätzlichen Möglichkeiten mehr als einen Prozessor zur Bearbeitung eines Problems einzusetzen. Nach einem Überblick über die historische Entwicklung werden wir mit Hilfe von drei verschiedenen, in der Literatur bekannten Klassifizierungsschemata diese Möglichkeiten in unterschiedlichen Feinheitsgraden ordnen. Für unsere weiteren Betrachtungen reicht hierbei die gröbste Klassifizierung aus. Die bei dieser Klassifizierung vorkommenden drei wichtigsten Strukturformen (Pipeline, Feld, Multiprozessoren) werden wir an verschiedenen Beispielen kennenlernen, die die Besonderheiten der jeweiligen Struktur verdeutlichen.

Zum Schluß werden wir noch als Zukunftsaussicht den optischen Rechner betrachten.

Betrachten wir zunächst noch einmal den von Neumann'schen klassischen Universalrechenautomaten (URA).

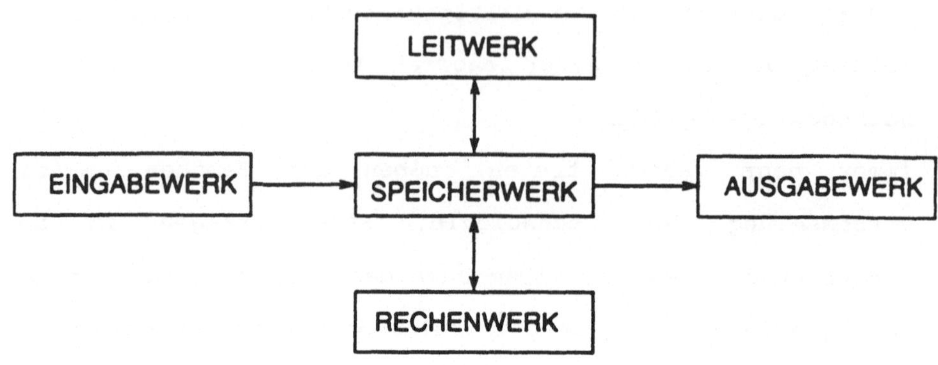

Bild 2

Um die Engpässe, die in der Architektur des URA bedingt sind, zu umgehen, hat man schon bald Modifikationen gemacht.

Dazu zählen ein Direct-Memory-Access(DMA) und ein eigener I/O-Kanal, um die Kommunikation unabhängig vom Rechenwerk ablaufen zu lassen, die Einführung einer Speicherhierarchie mit unterschiedlichen schnellen Speichern oder das Multiprogramming im Betriebssystem.

1. Methoden zur Parallelverarbeitung

Erst in den letzten beiden Jahrzehnten hat man verstärkt nach Wegen gesucht, wie in Rechnern Arbeiten hochgradig parallel ausgeführt werden können.

Dabei haben sich mehrere ganz unterschiedliche Methoden als sinnvoll erwiesen.

1.1 Funktionales Trennen

Funktionales Trennen bedeutet, daß für unterschiedliche Operationen unterschiedliche ALU's (Arithmetic and Logic Unit) zur Verfügung stehen. Diese sind für ihre Aufgaben optimiert und können zeitlich parallel arbeiten.

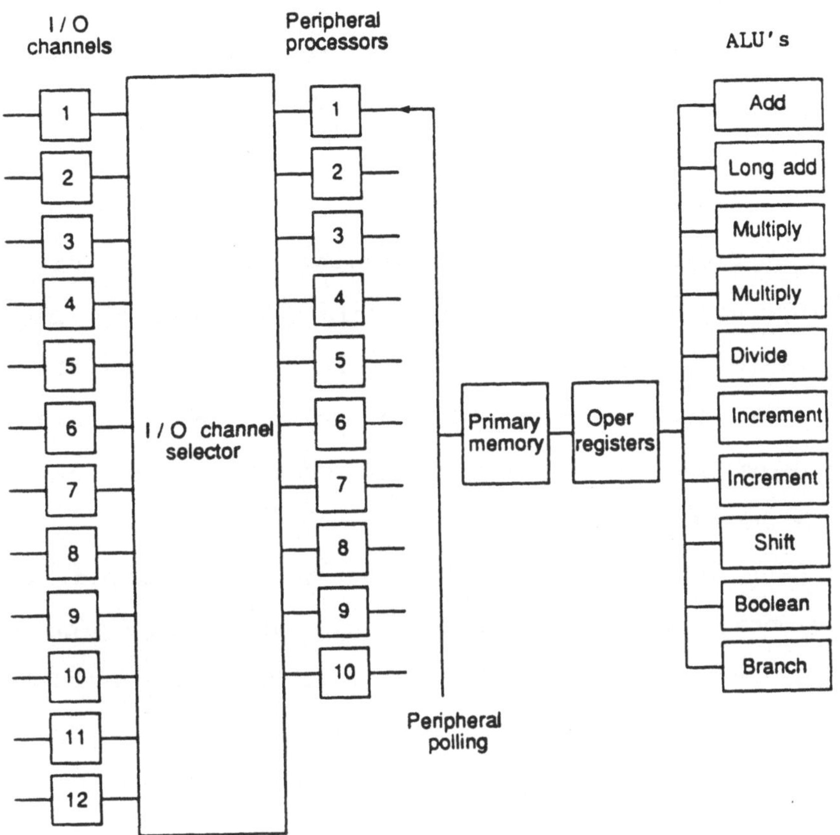

Bild 3

Ein typischer Vertreter hierfür ist die CD6600 von Control Data (Bild 3). Dieser Rechner hat zehn ALU's z.B. für die Addition, Multiplikation, Division, für Shifts, Boole'sche Operationen usw.

Die ALU's können parallel arbeiten, d.h. es kann zum Beispiel eine Addition und eine Multiplikation gleichzeitig ausgeführt werden.

1.2 Pipelining

Pipelining ist zur Zeit bei den am Markt befindlichen Parallelrechnern die am meisten verbreitete Methode, um eine Leistungssteigerung zu erzielen.

Beim Pipelining (siehe S. 35) werden die einzelnen Operationen wie z.B. Addition oder Multiplikation in sehr kleine Elementaroperationen zerlegt, die alle dieselbe Ausführungszeit haben (z.B. eine Taktzeit). Die zu bearbeitenden Daten durchlaufen die Bearbeitungsstationen, die diese Elementaroperationen ausführen, nacheinander. Ist die Pipeline einmal gefüllt, so erhält man am Ende pro Elementarzyklus ein Ergebnis.

Man kann sich dieses Prinzip sehr schön am Beispiel einer Automontage klarmachen. Dabei wird der Montagevorgang in viele tausend kleine Einzelschritte zerlegt. Nach einer gewissen Anlaufzeit fährt dann am Ende des Bandes pro Taktzeit ein vollständiges Fahrzeug vom Fließband.

Beim Pipelining unterscheidet man verschiedene Arten, wie Micropipelining, Macropipelining oder Befehlspipelining. Wir werden dies später noch genauer betrachten.

Vertreter dieser Rechnerkategorie sind z.B. Cyber205, Cray X-MP, FPS AP120, Hitachi S810 oder ETA[10].

1.3 Feldrechner

Der Begriff Feldrechner geht auf Konrad Zuse zurück <Zuse58>. Feldrechner bestehen aus einer Menge von gleichartigen Recheneinheiten, die durch Netzwerke oder einfache Leitungen ein-, zwei- oder mehrdimensional miteinander verbunden sind.

Jede Recheneinheit hat meist noch einen lokalen Speicher. Das System wird gesteuert durch einen oder mehrere Master- prozessoren, die die einzelnen Recheneinheiten mit den Befehlen und Daten versorgen.

Alle Recheneinheiten führen zu einer bestimmten Zeit den gleichen Befehl aus, allerdings auf unterschiedlichen Daten. Damit werden pro Zeitschritt n Ergebnisse ermittelt, wenn n Recheneinheiten zur Verfügung stehen.

Meist ist es möglich, durch Maskierung einzelne oder mehrere Recheneinheiten von der Befehlsausführung auszu- schließen.

Vertreter dieses Prinzips sind die Feldrechenmaschine von Zuse, der ILLIAC IV (<u>Ill</u>inois <u>A</u>rray <u>C</u>omputer), BSP (<u>B</u>urroughs <u>S</u>cientific <u>P</u>rocessor), MPP (<u>M</u>assive <u>P</u>arallel <u>P</u>rocessor), Connection-Machine oder die DAP (<u>D</u>istributed <u>A</u>rray <u>P</u>rocessor)-Rechnerlinie.

1.4 Multiprozessoren

Multiprozessoren bestehen aus einer Menge von gleichartigen oder verschiedenen Recheneinheiten, die durch ein Netzwerk untereinander und mit einem oder mehreren Speichern verbunden sind.

Sie können gesteuert und synchronisiert werden durch einen oder mehrere Masterprozessoren. Im Gegensatz zu den Feldrechnern können Multiprozessorsysteme pro Zeitschritt unterschiedliche Befehle bzw. unterschiedliche Befehlsfolgen pro Recheneinheit bearbeiten.

Beispiele hierfür sind die in Erlangen entwickelten Systeme EGPA (Erlangen General Purpose Array) und DIRMU (Distributed Reconfigurable Multiprocessor System) oder der HEP (Heterogeneous Element Processor). Die Besonderheiten dieser Strukturen werden später noch ausführlich erläutert. Während die Strukturunterschiede bei unterschiedlichen Pipeline-Rechnern bzw. bei Feldrechnern gering sind, lassen sich bei Multiprozessorsystemen sehr verschiedene Realisierungen finden. Deshalb sollen in der folgenden Tabelle einige bekannte Konfigurationen kurz charkterisiert werden. Teilweise handelt es sich um Forschungsobjekte, die nur als Prototyp gebaut wurden.

Name	Hersteller oder Entwickler	Kurzcharakteristik
Alliant FX	Alliant Computer Systems Corp.	max. 8 Minis, max. 12 I/O-Proz. Verbindungsnetz
Balance	Sequent Computer Systems Inc.	max. 12x32032 von National Semicond.
Butterfly	BBN Advanced Comp.	max. 256x68020 von Motorola Banyan-Netzwerk

Cedar	Univ. of Illinois	Prozessorcluster mit lokalem Netz Mehrere Cluster mit Omega-Netz
CHIP	Purdue Univ.	max. 2^{16} Proz. konfigur. Netzwerk
C.mmp	Carnegie-Mellon-Univ.	16 x PDP 11 Kreuzschienenvert.
Cm*	Carnegie-Mellon-Univ.	5 Cluster mit je 10 x LSI11 Clusterbus
Convex C1	Convex Computer Ltd.	1-4 Prozessoren mit Vektorsubsystem
Cosmic Cube	California Institute of Technology	64 x 8086 v. Intel Hypercube-Netz
DADO	Columbia Univ., N.Y.	1023 x 8751 v. Intel, als Binärbaum konfig.
DIRMU	Universität Erlangen -Nürnberg	25x8086/8087 Speicherkopplung
EGPA	Universität Erlangen -Nürnberg	5 x AEG 8060 Speicherkopplung Pyramidenform
ETA[10]	ETA Systems Corp.	max. 8 Vektorrechner der CYBER205-Klasse max. 18 I/O-Rechn. Speicherkopplung

FPS T	Floating Point Syst.	max. 16384 T414 Transputer Hypercube-Netz
GF11	IBM	576 Prozessoren Benes-Netz
HEP	Denelcor Inc.	4, 8 oder 16 Proz. Netzwerk mit Paketvermittlung
iPSC	Intel Scientific Computers	max. 128 80286 bzw. 80386 von Intel Hypercube-Netz
Megaframe	Parsytec	Cluster mit 16 T800 Transputer
M^5PS	TH Aachen	8 Prozessoren Buskopplung
RP3	IBM	max. 512 CPU's Banyan bzw. Omega-Netzwerk
S1	Lawrence Livermore Lab	16 Vektorrechner der CRAY-Klasse Crossbar-switch
Suprenum	Suprenum GmbH	Cluster mit 16 x 68020 von Motorola Clusterbus
Ultra	New York Univ.	4096 Prozessoren Omega-Netz

1.5 Datenflußrechner

Datenflußrechner unterscheiden sich von den bisher betrachteten Strukturen durch die Ablaufsteuerung. Bei seriellen Rechner ebenso wie bei den unter 1.1 - 1.4 beschriebenen Rechnern wird der Ablauf eines Algorithmuses explizit durch ein Programm beschrieben. Beim Datenfluß-rechner wird der Ablauf implizit aus dem Fluß der Daten, die an der Berechnung beteiligt sind, abgeleitet.

Beispiele hierfür sind der M.I.T. Data-Flow Computer, der Manchester Data-Flow Computer oder der Newcastle Data-Control Flow Computer <Trel83>.

Wegen der vollkommen andersartigen Ablaufsteuerung werden die Datenflußrechner hier nicht weiter betrachtet. Es wird auf die Spezialliteratur, die im Literaturverzeichnis auf-geführt ist, verwiesen.

2. Klassifikation

In Kapitel V werden wir die einzelnen Systeme bewerten. Durch die unterschiedliche Struktur der parallelen Rechner ist ein Vergleich außerordentlich schwierig. Es ist deshalb notwendig, die Systeme zu klassifizieren, um Vergleiche wenigstens innerhalb von Klassen zu ermöglichen. Es gibt im wesentlichen drei verschiedene Ansätze zur Klassifikation von Rechnerstrukturen.

Eine sehr anschauliche, wenn auch etwas grobe Klassifi-kation, die für die späteren Betrachtungen aber aus-reichend ist, hat Flynn <Flyn66> gegeben. Hier werden Rechner klassifiziert nach dem Verhältnis Instruktionen zu Daten.

Sowohl für Instruktionen als auch für Daten werden je 2 Klassen eingeführt:

> SI   Single Instruction
>
> MI   Multiple Instruction
>
> SD   Single Data
>
> MD   Multiple Data

Daraus lassen sich nun vier Klassen bilden:

> SISD   Single Instruction, Single Data
>
> SIMD   Single Instruction, Multiple Data
>
> MISD   Multiple Instruction, Single Data
>
> MIMD   Multiple Instruction, Multiple Data

Diese 4 Klassen lassen sich mit folgenden Rechnerstrukturen identifizieren:

	SD	MD
SI	v. Neumann Rechner	Feldrechner Pipeline-Rechner
MI		Multiprozessoren

Hierbei werden zwar die Feld- und die Pipeline-Rechner in der SIMD-Klasse zusammengefaßt. Da sich diese unterschiedlichen Strukturen aber kaum vergleichen lassen, werden wir sie im folgenden getrennt betrachten.

Die Klassifikation ECS (Erlanger Klassifikationssystem)
berücksichtigt auch Strukturdetails <Haen77>.
Jeder Rechner läßt sich durch die 6 Werte

$$< k \times k', \ d \times d', \ w \times w' >$$

klassifizieren, wobei gilt:

k   Anzahl der Steuereinheiten

k'   Anzahl der Programm-kontrollierten Einheiten, die

        an verschiedenen Tasks eines Problems arbeiten

        (Macropipelining)

d   Anzahl der arithmetischen und logischen Einheiten,

        die einer Kontrolleinheit zugeordnet sind

d'   Anzahl der Funktionseinheiten (z.B. Addierer,

        logische Einheit usw.), die gleichzeitig arbeiten

        können (Instruction pipelining)

w   Wortlänge

w'   Anzahl der Stufen der arithmetischen Einheit

        (Arithmetic- oder Micropipelining)

Beispiel:

  CD 6600   (1 x 1, 1 x 10, 60 x 1)

  CD STAR   (1 x 1, 2 x 1, 64 x 4)

  ICL DAP   (1 x 1, 4096 x 1, 1 x 1)

Einen anderen Ansatz zur Klassifikation macht Shore
<Shor73>. Er klassifiziert die Rechner nach der logischen
Anordnung von vier Basiskomponenten: Kontrolleinheit (KE),
ALU, sowie ein Primärspeicher bestehend aus Datenspeicher
(DS) und Befehlsspeicher (BS).

Die verschiedenen Anordnungen dieser Komponenten zueinander ergeben bei ihm sechs unterschiedliche Maschinentypen.

Typ 1:

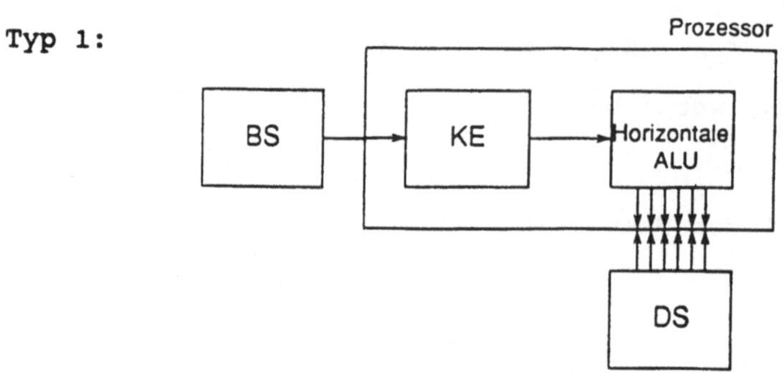

Bild 4

Diese Maschine arbeitet wort-seriell und bit-parallel. Dies wird durch die Bezeichnung horizontale ALU ausgedrückt. Dieser Typ entspricht den seriellen Rechnern.

Typ 2:

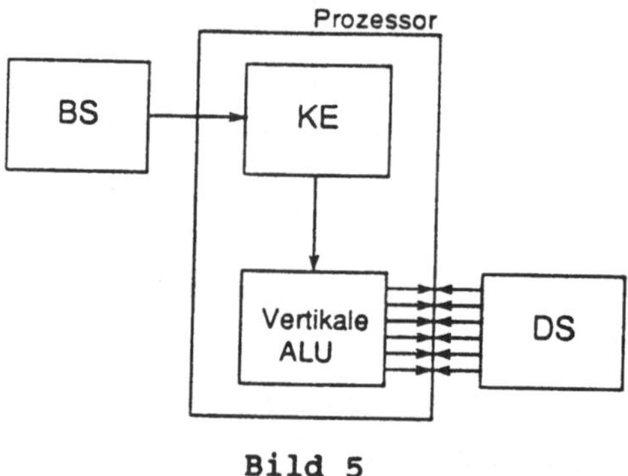

Bild 5

Hier spricht man von einer vertikalen ALU und meint damit das Arbeitsprinzip wort-parallel und bit-seriell. Beispiele hierfür sind der DAP oder STARAN.

Typ 3:

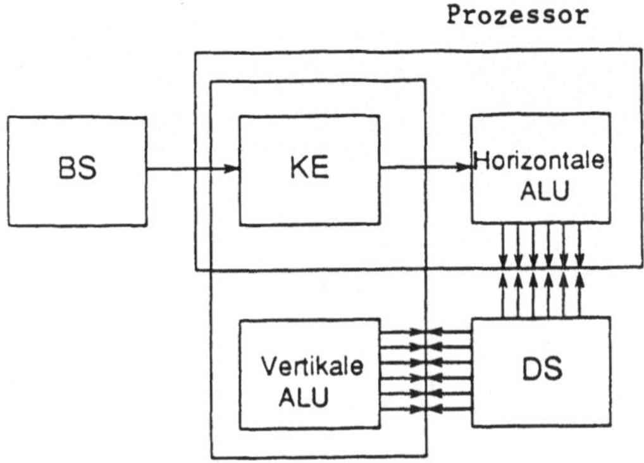

Bild 6

Dieser Maschinentyp ist eine Kombination von Typ 1 und 2. Es gibt sowohl eine horizontal als auch eine vertikal arbeitende Recheneinheit. Ein Beispiel hierfür ist OMEN60 <Higb72>.

Typ 4:

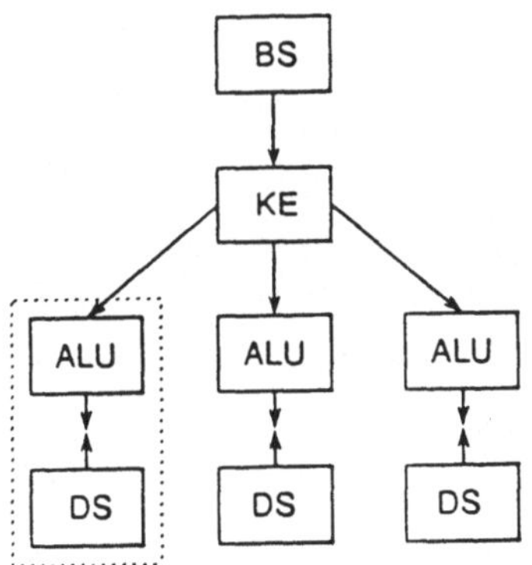

Bild 7

Beim Typ 4 handelt es sich um eine Anzahl von Recheneinheiten, die nicht miteinander verbunden sind und von einer gemeinsamen Kontrolleinheit gesteuert werden. Ein Beispiel hierfür ist der PEPE-Rechner.

Typ 5:

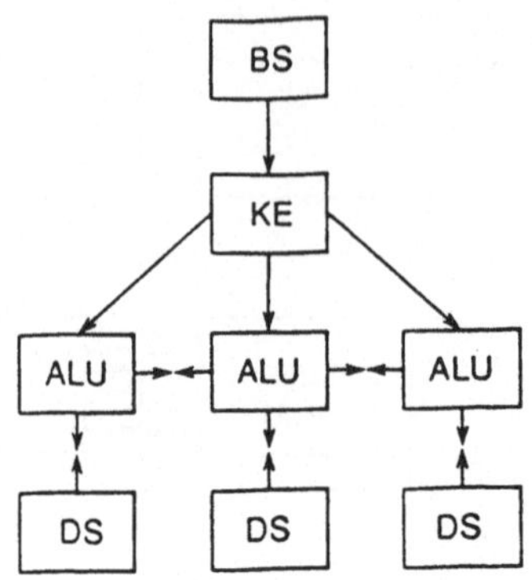

Bild 8

Typ 5 unterscheidet sich vom Typ 4 nur dadurch, daß zwischen den ALU's gewisse Verbindungen bestehen. Ein Beispiel ist der ILLIAC IV.

Typ 6:

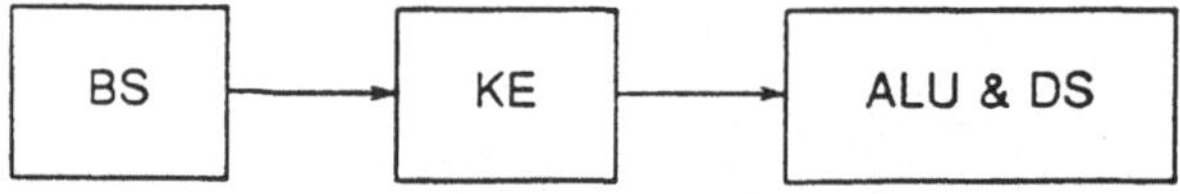

Bild 9

Während bei den Typen 1 bis 5 Recheneinheit und Datenspeicher zwei getrennte Einheiten mit einer wie auch immer gearteten Verbindung waren, wird bei Typ 6 die Prozessoreinheit und der Datenspeicher als Einheit gesehen. Man spricht hier von Assoziativspeicher oder content addressable memory.

Die Verbindungsstrukturen und die Kommunikationsmechanismen
werden bei den hier betrachteten Klassifikationen nicht
berücksichtigt.

Da eine effiziente Kommunikation zwischen den einzelnen
Verarbeitungseinheiten die Leistungsfähigkeit einer
Struktur stark beeinflußt, werden wir in Kapitel III die
Kommunikationsmöglichkeiten gesondert betrachten.

3. Historischer Überblick

Erst im letzten Jahrzehnt haben parallele Rechner an
Bedeutung gewonnen. Hier waren es vor allem die Pipeline-
rechner der Firmen Control Data und Cray Research, die
durch ihre hohe Rechenleistung, aber auch durch ihren hohen
Preis von sich reden machten.
Aber bereits in den vierziger und fünfziger Jahren gab es
erste Ansätze <Hart46>, Rechenleistung parallel verfügbar
zu machen.
Die Möglichkeit parallele Strukturen zu entwerfen und zu
realisieren wurde verstärkt durch die rasche Weiterentwicklung der Technologie. Dadurch wurden die Bauteile
immer kleiner und billiger und benötigten immer weniger
Leistung.
Während die ersten kommerziellen Rechner wie z.B. Univac 1
oder Zuse Z23 noch mit Röhre und Relais aufgebaut wurden
und dadurch noch entsprechend groß waren, begann durch die
Erfindung des Transistors eine Entwicklung, die den
Raumbedarf und die benötigte elektrische Leistung immer
geringer werden ließ.

1964 kündigte Texas Instruments die erste Familie von integrierten Schaltkreisen an, die auf TTL-Technologie (Transistor-Transistor-Logik) basierte. Während hier zunächst nur einige wenige Transistoren auf den Chips untergebracht werden konnten, eröffnet die VLSI-Technologie (Very Large Scale Integration) die Möglichkeit, mehrere tausend Transistoren auf engstem Raum unterzubringen.

Dies gibt den Rechnerarchitekten immer weitergehende Möglichkeiten, neuartige Strukturen verhältnismäßig leicht aufzubauen.

Man muß sich auch ins Gedächtnis rufen, daß die serielle Abarbeitung von arithmetischen Operationen als großer Fortschritt bei der Vorstellung der ersten elektronischen Rechenmaschinen galt. Dabei hatten doch die Entwürfe von Charles Babbage bereits parallele Rechenwerke enthalten und auch die mechanischen Rechenmaschinen aus den vierziger Jahren dieses Jahrhunderts arbeiteten mit wort-paralleler Arithmetik <Hock81>.

Bei der Entwicklung von parallelen Rechnern lassen sich drei Linien verfolgen:

3.1 Funktionales Trennen/Pipelining

Diese Rechnertypen sind durch Hinzufügen und Spezialisieren von Prozessoren aus dem klassischen Universalrechner entstanden.

- Für die Ein-/Ausgabe werden ein oder mehrere PP's (Peripheral Processor) integriert, deren Befehlsvorrat für die Kommunikation mit der Außenwelt optimiert ist.

- Für die <u>Programmbearbeitung</u> werden für die einzelnen
  Aufgaben Spezialrechenwerke geschaffen (z.B. für
  logische Operationen, für Addition, für Multiplikation,
  für Vergleiche usw.) oder/und die einzelnen Teilschritte einer Operation werden wie am Fließband
  hintereinander und damit extrem schnell ausgeführt.

Der interne Aufbau der verschiedenen Rechner, die nach
diesem Prinzip konstruiert wurden, ist sehr ähnlich und
wird später noch ausführlich behandelt.

Man kann sie in verschiedene Firmenlinien einteilen.

So gibt es eine

IBM-Linie mit IBM701, 704, 7090, STRETCH, 360/91, 360/195,
3838 oder 3090-VF

CDC-Linie mit CD6600, 7600, STAR100, CYBER203, CYBER205 und
ETA^{10}

und stark damit verwandt CRAY1, CRAY2, CRAY X-MP, CRAY Y-MP

sowie eine

FPS-Linie mit AP120B, AP190L, FPS 164, M64.

3.2 Feldrechner

1955 stellte Konrad Zuse seine Feldrechenmaschine mit 50
Rechenwerken vor <Zuse58>. Sie konnte in zwei verschiedenen
Operationsmodi arbeiten, sowohl wort-seriell und bit-
parallel als auch wort-parallel und bit-seriell. Die ECS-
Notation ist <1,50,1> ∨ <1,1,50>.

1962 erschien von Slotnick und anderen <Slot62> ein Papier,
in dem ebenfalls ein Konzept für einen Feldrechner
beschrieben wurde. Es war der SOLOMON (<u>S</u>imultaneous
<u>O</u>peration <u>L</u>inked <u>O</u>rdinal <u>M</u>odular <u>N</u>etwork) mit einem Feld
von 32x32 Prozessoren.

Er wurde zwar niemals gebaut, das Konzept, das hier vorgestellt wurde, floß aber in den Entwurf der später tatsächlich gebauten Rechner wie ILLIAC IV, PEPE, STARAN, BSP oder DAP ein. Nur der DAP kommt hier auf eine nennenswerte Stückzahl und wird auch heute noch in der 3. Generation produziert, die anderen kamen über Prototypen oder ganz geringe Stückzahlen nicht hinaus.

3.3 Multiprozessoren

Auch bei den verschiedenen Konzepten für Multiprozessoren blieb es meist bei Labormustern oder Prototypen. Grund hierfür ist vor allem die Lastverteilung auf die einzelnen ALU's, die meist vom Benutzer gesteuert werden muß und noch kaum automatisiert ist.

Erwähnt wurden hier schon die Systeme EGPA, DIRMU und HEP. In den letzten beiden Jahren werden solche Multiprozessorsysteme verstärkt auch kommerziell angeboten z.B. von den Firmen Convex, Alliant oder auf Transputerbasis von Parsys. Der Erfolg solcher Systeme steigt und fällt mit der mitgelieferten Software, die dem Benutzer eine leichte Programmierung ermöglichen muß.

Erwähnt werden muß an dieser Stelle noch, daß unabhängig vom Konzept fast alle genannten Rechner (Ausnahme: DIRMU) keine stand-alone Systeme sind, sondern für die Datenhaltung, die Compilierung oder die Ein-/Ausgabe eine Host-Maschine benötigen.

Im folgenden wollen wir an ausgewählten Beispielen die einzelnen Konzepte näher betrachten.

4. Pipeline-Strukturen

Aus dem Prinzip des funktionalen Trennens, also der Idee für verschiedenartige Aufgaben jeweils Spezialrechenwerke einzusetzen, entstand in den siebziger Jahren der Typ des Pipeline-Rechners.

Hierbei werden die Spezialrechenwerke nochmals in mehrere Einheiten zerlegt, die eine hohe Taktfrequenz haben und Teile einer Operation sehr schnell ausführen.

Dies läßt sich an der Gleitpunktaddition verdeutlichen. Während beim funktionalen Trennen ein Spezialrechenwerk die gesamte Addition vorgenommen hat, wird sie beim Pipeline-Konzept in mehrere Teilschritte zerlegt.

> Teilschritt 1: Anpassen der Mantissen bei unter-
> schiedlichen Exponenten
> Teilschritt 2: Addition der Mantissen
> Teilschritt 3: Normierung der Mantissen
> Teilschritt 4: Rundung

Betrachtet man nun die Addition zweier Vektoren X und Y, so steht nach einer gewissen Einschwingzeit pro Taktzeit (im Beispiel 10 ns) ein Ergebnis zur Verfügung.

	t=0	10	20	30	40 ns
Eingabe	x_1,y_1	x_2,y_2	x_3,y_3	x_4,y_4	x_5,y_5
Anpassen	x_1,y_1	x_2,y_2	x_3,y_3	x_4,y_4	x_5,y_5
Addition		x_1,y_1	x_2,y_2	x_3,y_3	x_4,y_4
Normalisieren			x_1,y_1	x_2,y_2	x_3,y_3
Runden				x_1,y_1	x_2,y_2
Ausgabe					x_1+y_1

Danach stehen pro Taktzeit die weiteren Additionsergebnisse x_2+y_2, x_3+y_3,.... zur Verfügung.

Der Unterschied zwischen einem seriellen Rechner und einem Pipeline-Rechner wird deutlich, wenn wir den zeitlichen Ablauf des folgenden Programmstücks betrachten.

```
        DO 1 I=1 TO N
1       Z(I)=X(I)+Y(I)
```

Beim seriellen Rechner laufen dafür folgende Befehle ab:

```
        READ        Operand 1
        READ        Operand 2
        ADD
        STORE       Ergebnis
        INC, TEST & BRANCH
```

mit folgendem zeitlichen Verlauf unter der Annahme, daß alle Befehle dieselbe Ausführungszeit haben (dabei entspricht |———| einer Maschinentaktzeit):

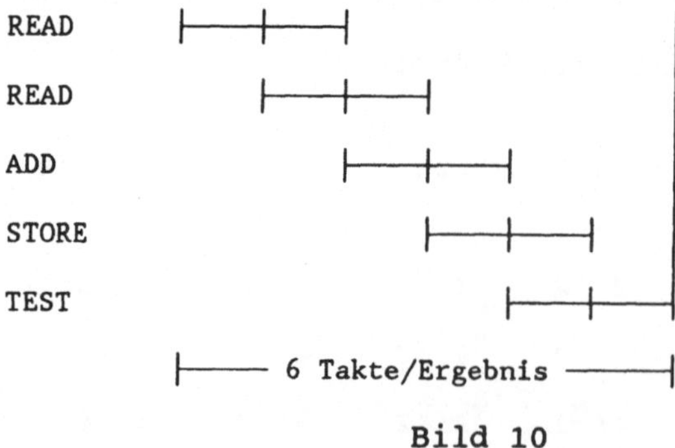

Bild 10

Beim Pipeline-Rechner läuft nur ein Vektorbefehl ab:

$$VADD(X,Y,Z)$$

mit folgendem zeitlichen Ablauf:

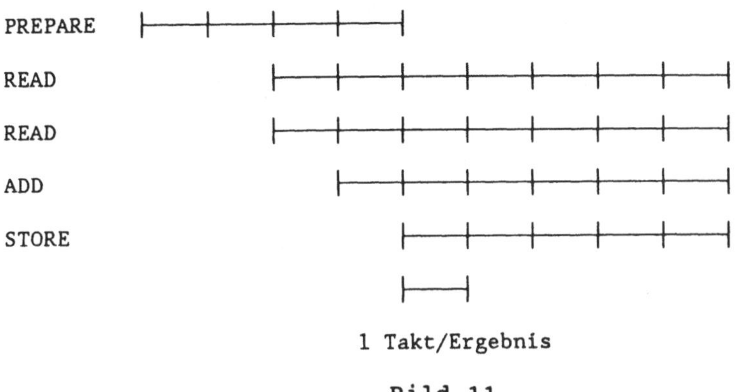

1 Takt/Ergebnis

Bild 11

Nach der Vorbereitungsphase (PREPARE), in der die Anfangs-
adressen der Vektoren berechnet werden, werden in den READ-
Phasen kontinuierlich die Vektorelemente aus dem Speicher
gelesen, in der ADD-Phase addiert und in der STORE-Phase
zurückgespeichert.

Ab einem bestimmten Zeitpunkt wird dann pro Takt ein
Ergebnis in den Speicher geschrieben.

Wir haben bisher das Pipeline-Prinzip nur im Zusammenhang
mit arithmetischen Operationen betrachtet (Micropipelining). Es gibt jedoch weitere Möglichkeiten:
Pipelining ist auch bei der Befehlsabarbeitung (Befehls-
Pipelining) sinnvoll, z.B. läßt sich die Befehlsausführung
zerlegen in die 4 Stufen

>   Holen des Befehls
>
>   Decodieren des Befehls
>
>   Holen der Operanden
>
>   Befehlsausführung

Eine dritte Möglichkeit ist das Macropipelining. Hierbei arbeiten mehrere Prozessoren an einer Aufgabe. Diese wird in Teilaufgaben zerlegt und jeder Prozessor bearbeitet unabhängig von den anderen seine ihm zugewiesene Teilaufgabe. Die notwendige Kommunikation zwischen den Prozessoren kann beispielsweise über gemeinsame Speicherbereiche erfolgen <Haen73>.

4.1 Aufbau eines Pipeline-Rechners

Obwohl es in der Zwischenzeit von mehreren Herstellern Pipeline-Rechner gibt, lassen sich kaum strukturelle Unterschiede erkennen.

Das folgende Bild zeigt die wesentlichen Elemente eines solchen Rechners, die Pfeile kennzeichnen den Daten- und Befehlsfluß.

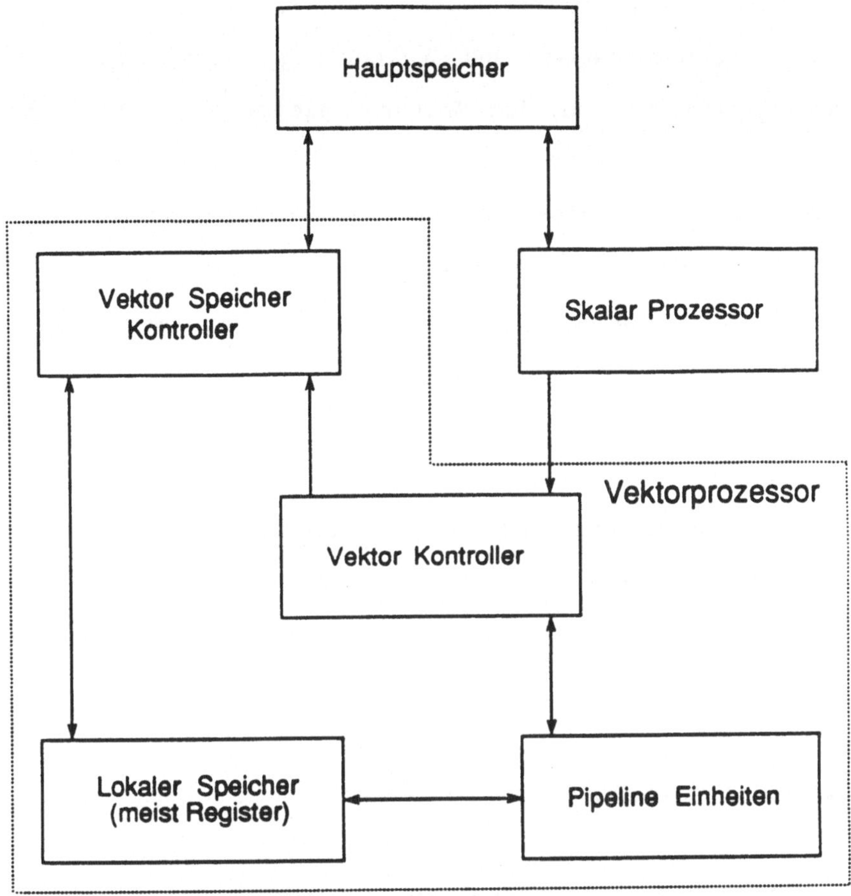

Bild 12

Die Daten werden vom Speicher über den Vektor Speicher
Kontroller in den Lokalen Speicher übertragen und von dort
zur Bearbeitung an die verschiedenen Pipelines weitergegeben und auf dem gleichen Weg zurückgespeichert.
Der lokale Speicher besteht zur Erhöhung der Arbeits-
geschwindigkeit oftmals aus einem großen Satz von
Registern.

Der Vektor Kontroller bearbeitet die Vektorparameter, wie z.B. Anfangsadresse und Vektorlänge und gibt sie zur Datenübertragung an den Vektor-Speicher Kontroller und zur Kontrolle der Bearbeitung an die einzelnen Pipelines. Der Skalarprozessor dient sowohl der Adressrechnung als auch der Berechnung skalarer Größen.

Die <u>Leistungsfähigkeit</u> eines Pipeline-Rechners wird durch mehrere Parameter bestimmt:

- Die Taktzeit der Pipeline
- Die Geschwindigkeit des Skalarprozessor und der Adreß-
  generierung
- Die Breite der Datenpfade und die Organisation des
  Speichers

<u>Leistungseinbußen</u> können entstehen

- beim Einschwingverhalten der Pipelines
- bei Speicherzugriffskonflikten
- durch die Abhängigkeit der Pipelines vom Skalarprozessor
- durch die Abhängigkeit der Pipelines untereinander
  (z.B. wartet bei der Anweisung A = B + C*D die
  Additionspipeline auf das Ergebnis der Multiplikationspipeline)
- durch programmbedingte Datenabhängigkeit (IF-Befehle)

Als typischer Vertreter der Pipeline-Rechner wird hier das Stukturkonzept der Cray 1 gezeigt.

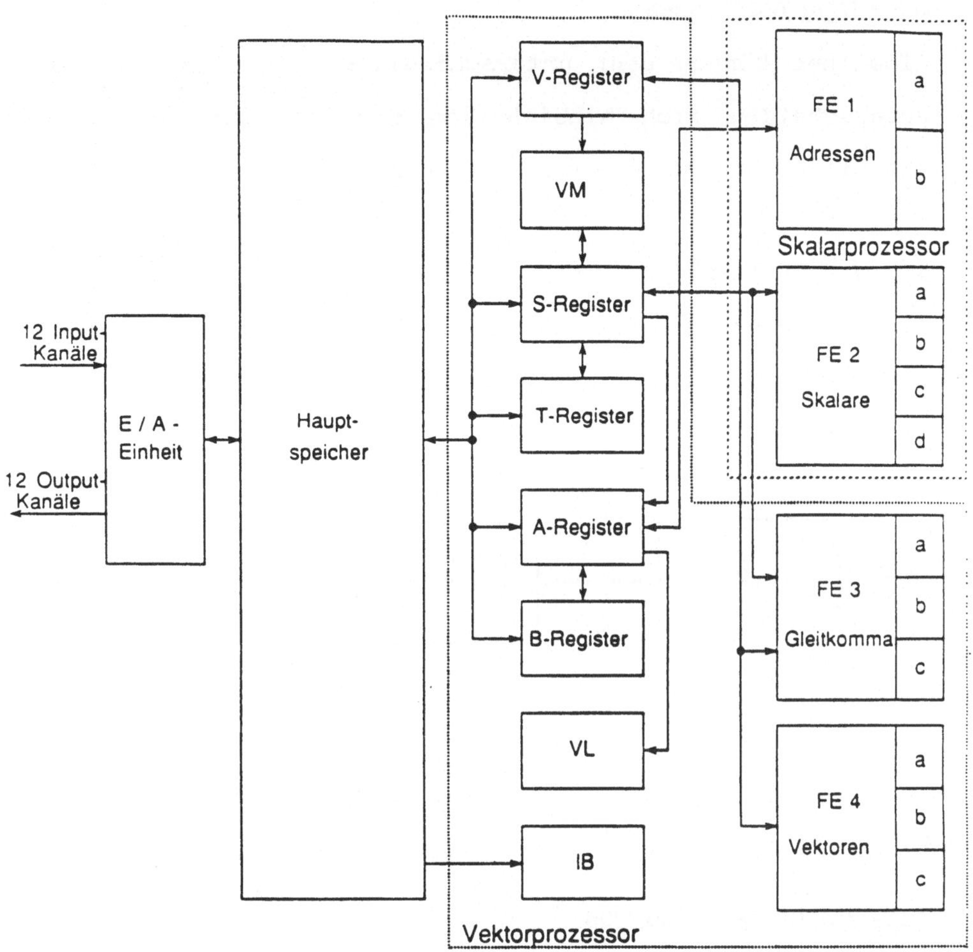

Bild 13

mit

FE Funktionseinheit mit unabhängigen Arbeitseinheiten

   a,b,c,d

IB Instruction Buffer

VL Vektor Längen Register

VM Vektor Masken Register

4.2 Aufbau einer Pipeline

Pipelines können sehr unterschiedlich aufgebaut sein. Sie unterscheiden sich hinsichtlich der Struktur, der Funktionalität und der Rekonfigurierbarkeit.

4.2.1 Lineare Pipelines

Sie bestehen aus einzelnen Funktionsstufen, die nacheinander durchlaufen werden. Es kann keine Stufe ausgelassen werden.

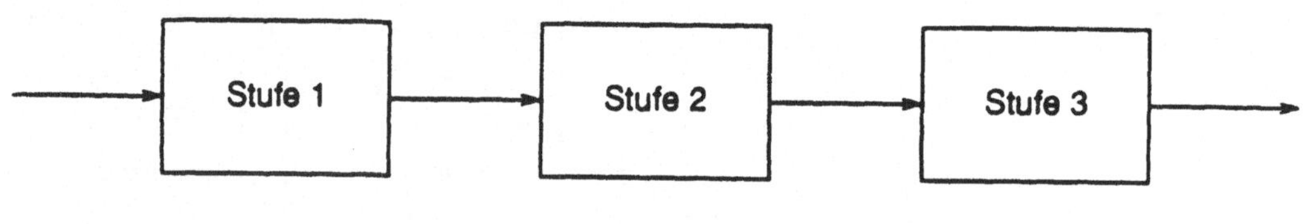

Bild 14

Beispiel hierfür ist die bereits weiter oben gezeigte Zerlegung der Addition in mehrere Teilschritte.

4.2.2 Nichtlineare Pipelines

Bei nichtlinearen Pipelines sind Überholvorgänge und Rückkopplungen möglich.

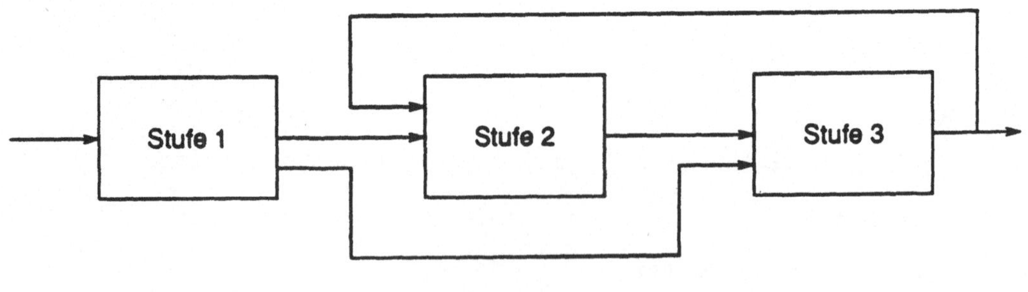

Bild 15

Nichtlineare Pipelines sind zwar schwieriger zu bauen und im Betrieb zu kontrollieren, sie eignen sich für bestimmte Aufgaben, wie z.B. das Bearbeiten von Rekurrenzen oder die Berechnung des Skalarprodukts besser als lineare Pipelines.

4.2.3 Unifunktionale Pipelines

Unifunktionale Pipelines sind für eine bestimmte Aufgabe konzipiert und können nur für diese Aufgabe eingesetzt werden.

So gibt es Pipelines für die Addition, für die Multiplikation oder für logische Operationen. In den Rechnern sind davon mindestens jeweils eine enthalten, die parallel zueinander arbeiten können.

Bei der folgenden Operation

$$A = B * C + D \qquad (A,B,C \text{ und } D \text{ Vektoren})$$

wird zunächst elementweise in der Multiplikationspipeline das Produkt $b_i * c_i$ gebildet und dieses Ergebnis anschließend in der Additionspipeline zu d_i addiert.

4.2.4 Multifunktionale Pipelines

Multifunktionale Pipelines können für unterschiedliche Aufgaben eingesetzt werden. Während unifunktionale Pipelines einfacher zu entwerfen sind und für eine Aufgabenstellung optimiert werden können, sind multifunktionale Pipelines flexibler.

Multifunktionale Pipelines müssen rekonfiguriert werden. Dabei gibt es zwei Möglichkeiten:

4.2.4.1 Statische Rekonfigurierbarkeit

Pipelines können statisch rekonfiguriert werden, d.h. sie
werden zu Beginn für eine bestimmte Operation eingestellt
und müssen erst geleert werden, bis sie neu für eine andere
Operation konfiguriert werden können.

4.2.4.2 Dynamische Rekonfigurierbarkeit

Ist eine Pipeline dynamisch rekonfigurierbar, d.h. während
die Daten durch die Pipeline fließen, kann sie ständig neu
für verschiedene Operationen eingestellt werden. Da solche
dynamisch rekonfigurierbaren Pipelines aber sehr aufwendig
sind, kommen sie zur Zeit in Pipelinerechnern nicht zum
Einsatz.

4.3 Datenspeicherung

Normalerweise muß sich der Benutzer eines Rechners nicht um
die Datenspeicherung kümmern. Untersuchungen haben jedoch
ergeben, daß die von den Herstellern angegebene Maximalleistung eines Pipeline-Rechners nie erreicht wird. Wie wir
in Kapitel V sehen werden, wird die maximal mögliche
Rechenleistung nur zu einem geringen Bruchteil genutzt.
Einer der Gründe hierfür sind Speicherzugriffskonflikte
beim Lesen und Schreiben von Daten. Grundsätzlich kann man
Daten in verschiedenen Anordnungen im Speicher ablegen. Der
Benutzer wird die für seine Problemstellung, unter Kenntnis
der Abarbeitung des Programms im Rechner, beste daraus
auswählen. Damit wird auch hier deutlich, daß der Anwender
von Pipeline-Rechnern Kenntnisse der Hardware und des
Programmablaufs haben muß.

4.3.1 Sequentielle Ablage

Ein Vektor der Länge k wird auf k aufeinander folgenden Speicherplätzen abgelegt. Der Vorteil ist eine einfache Adressierung, der Nachteil hierbei ist, daß große Teile oder der ganze Vektor in einem Speichermodul liegen und es zu Verzögerungen beim Datentransport kommt, da die Speicherzykluszeit meist um einiges höher ist als die Zykluszeit der Pipelines.

4.3.2 Äquidistante Ablage

Die Elemente eines Vektors werden hierbei nicht fortlaufend im Speicher abgelegt, sondern jeweils im Abstand d, d.h. wenn Vektorelement 1 auf Speicherplatz i abgelegt wird, kommt Element 2 auf Platz i+d, Element 3 auf Platz i+2d und allgemein Element k auf Platz i+(k-1)d.

Durch entsprechende Wahl von d in Abhängigkeit von der Anzahl und Größe der Speicherbänke kann man erreichen, daß der Vektor über alle Speichermodule verteilt wird. Damit umgeht man den Nachteil bei der sequentiellen Ablage, die Adressrechnung wird jedoch aufwendiger.

4.3.3 Irreguläre Ablage bei dünn besetzten Vektoren

Arbeitet man mit Vektoren, bei denen nur wenige Elemente einen Wert ungleich 0 haben, wäre es eine Speicherplatz-verschwendung all jene Elemente mit Wert 0 mitzuspeichern. Man führt deshalb für jeden Vektor einen Bitvektor mit und markiert alle Elemente ungleich 0 mit einer 1, alle Elemente gleich 0 mit einer 0. Gespeichert werden nur die relevanten Daten ungleich 0.

Beispiel:

Der Vektor A der Länge 10 enthält die Werte

0,30,0,0,23,0,0,0,0,19.

Der Bitvektor hat dann folgendes Aussehen:

0,1,0,0,1,0,0,0,0,1.

Gespeichert werden nur die Vektorelemente 2, 5 und 10 sowie der zugehörige Bitvektor.

Bei arithmetischen Operationen, wie z.B. der Multiplikation zweier Vektoren, wird man zunächst ein logisches AND auf den zugehörigen Bitvektoren ausführen und die Multiplikation nur bei den Vektorelementen ausführen bei denen im Ergebnisbitvektor eine 1 steht.

4.3.4 Ablage von Matrizen

Matrizen kann man als sogenannte lange Vektoren interpretieren und sie entweder durch Konkatenation der Zeilen oder der Spalten speichern.

Man erhält dann eine Mischform aus sequentieller und äquidistanter Ablage. Wird z.B. eine quadratische Matrix der Dimension n spaltenweise abgespeichert, dann sind die Spaltenelemente sequentiell abgelegt, während die Zeilenelemente äquidistant mit Abstand n abgelegt sind.

5. Feldrechnerstrukturen

5.1 Gemeinsame Merkmale

Die Struktur von Feldrechner ist nicht so einheitlich wie dies bei den Pipeline-Rechnern der Fall ist. Man kann sie jedoch mit einem der beiden folgenden Schemata charakterisieren:

Schema 1: Feldrechner mit lokal zugeordneten Speichern

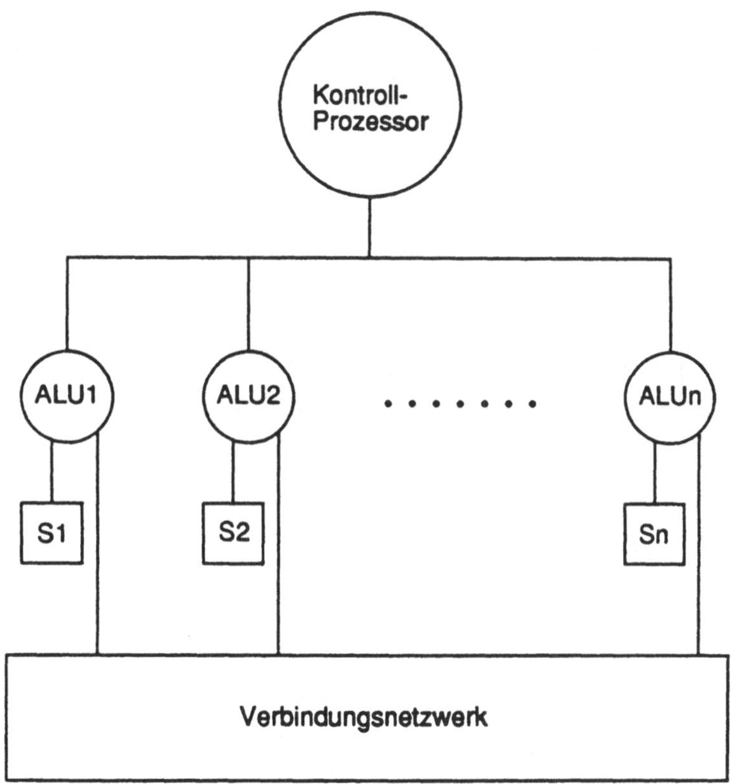

Bild 16

Beispiele hierfür sind ILLIAC IV oder DAP.

Schema 2: Feldrechner mit gemeinsamen Speicherbereich

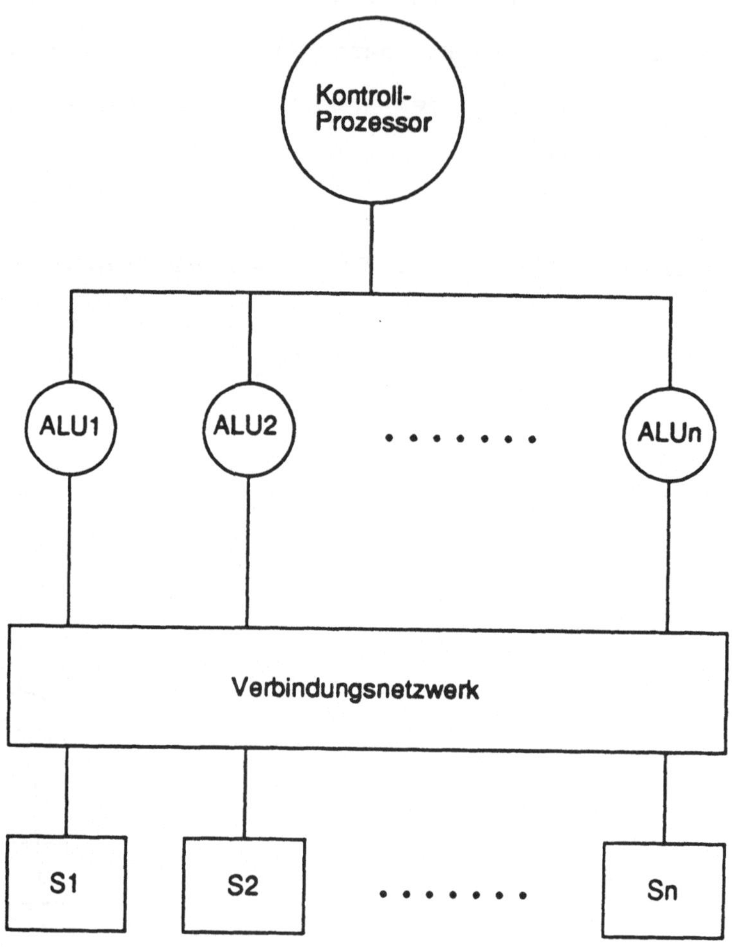

Bild 17

Ein Beispiel hierfür ist der STARAN.

Daneben sind auch Mischformen möglich, z.B. Prinzip 2 mit zusätzlichen lokalen Speichern. Ein Beispiel hierfür ist der MPP <Batc80>, <Fern86>, der neben lokalen Speichereinheiten einen gemeinsamen Speicher besitzt. Dieser gemeinsame Speicher wird insbesondere für Datenumordnungen verwendet.

Die ALU's arbeiten im SIMD-Prinzip, d.h. jede Recheneinheit führt denselben Befehl oder dieselbe Befehlsfolge aus, jedoch auf unterschiedlichen Daten. Demnach stehen nach der Ausführung eines Befehls n Ergebnisse zur Verfügung, wobei n die Anzahl der Recheneinheiten ist. Meist ist es möglich, eine beliebige Anzahl von ALU's durch Maskenbildung von der Bearbeitung eines Befehls auszuschließen.

Abhängig von der Gestaltung des Verbindungsnetzwerkes können die Recheneinheiten mit einem oder mehreren Nachbarn kommunizieren.

Die Leistungsfähigkeit sowohl von Feldrechnern als auch von Multiprozessorsystemen wird im wesentlichen dadurch bestimmt, wie gut es gelingt, ein Problem auf die Struktur des Rechners abzubilden.

Bei den Arbeiten am DAP in Erlangen hat sich gezeigt, daß die Programmierung von Feldrechner nach einer gewissen Eingewöhnungszeit relativ einfach ist. Die Programme sind kurz und übersichtlich, da meist auf Laufschleifen und Indizes verzichtet werden kann. Die Abbildung des Lösungsalgorithmuses auf die Struktur des Feldrechners bedarf einer gewissen Übung und Erfahrung, da eine automatische Anpassung allgemein noch nicht möglich ist.

Um zu dieser Erfahrung zu kommen, die es erlaubt, Algorithmen direkt auf die Struktur abzubilden, gehen wir zunächst in 3 Schritten vor <Erha84>. Ausgangspunkt sei ein Programm, das bereits für einen seriellen Rechner existiert.

Schritt 1:

Erkennen und Neuprogrammierung von offensichtlicher Parallelität, wie sie z.B. in den meisten Laufschleifen vorkommt.

Schritt 2:

Erkennen und Neuprogrammierung von versteckter Parallelität, wie sie z.B. auftritt bei der Bearbeitung von Zeilen und Spalten einer Matrix, durch bestimmte Nachbarschaftsbeziehungen der Elemente einer Matrix und durch Verwendung neuer Funktionen, die für die spezielle Struktur vorhanden sind (Schiebeoperationen, Summen- funktionen etc.).
Wir wollen uns dies am Beispiel einer Mittelwertberechnung veranschaulichen. Die entsprechende Anweisung in FORTRAN lautet

$$A(I,J) = (A(I-1,J)+A(I+1,J)+A(I,J-1)+A(I,J+1))/4$$

Man sieht, daß bei dieser Berechnung jeweils Werte gebraucht werden, die sich bei gleicher Spalte um eine Zeile bzw. bei gleicher Zeile um eine Spalte vom Wert links vom Gleichheitszeichen unterscheiden.

Hat man nun am Feldrechner ein NEWS-Netzwerk (siehe 5.2.2.1) zur Verfügung, dann kann sich jeder Prozessor die benötigten Werte durch direkte Kommunikation mit seinen vier Nachbarn besorgen.

<u>Schritt 3:</u>

Als letzter Schritt erfolgt jetzt eine Betrachtung des Lösungsalgorithmuses und nicht mehr des vorhandenen Programms. Durch Änderungen am Algorithmus kann man oftmals eine bessere Abbildung erreichen als durch Veränderungen am seriellen Programm.

Denkbar ist auch ein mehrmaliges Durchlaufen der Schritte 1 bis 3.

Als Beispiel sei hier der Lösungsalgorithmus für ein lineares Gleichungssystem genannt, wie er in Kapitel I beschrieben wurde.

Die Programme selbst werden sehr einfach. Betrachten wir noch einmal das Beispiel aus 4.

```
      DO 1 I=1 TO N
1        Z(I)=X(I)+Y(I)
```

Für einen Feldrechner wird daraus Z=X+Y.

Je nach Struktur des Rechners sind X, Y und Z Vektoren oder Matrizen der Länge N, wobei N = n die Anzahl der vorhandenen ALU's ist.

5.2 Ausgewählte Beispiele

In der Vergangenheit wurden Feldrechner meist nur in Einzelexemplaren oder ganz geringen Stückzahlen gebaut. Erst durch den DAP (<u>D</u>istributed <u>A</u>rray <u>P</u>rocessor), der bereits in der 3. Generation gebaut wird, wird diese Rechnerstruktur einem breiteren Anwenderkreis bekannt.

Im folgenden wollen wir uns an einigen ausgewählten Beispiele die Struktur von Feldrechnern näher betrachten.

5.2.1 ILLIAC IV

Der ILLIAC IV (<u>Ill</u>inois <u>A</u>rray <u>C</u>omputer) wurde entworfen als Rechner mit 4 Feldern zu je 64 ALU's. Gebaut wurde dann jedoch von der Firma Burroughs nur ein einziges Feld. Der Rechner, der 1972 bei der NASA installiert wurde, blieb ein Einzelstück. In ECS wird er durch (1,128,32) ∨ (1,64,64) klassifiziert. Er wurde 1981 stillgelegt und verschrottet.

Die vereinfachte Struktur des ILLIAC IV zeigt Bild 18.

Beim ILLIAC IV steuert eine <u>C</u>ontrol <u>U</u>nit (CU) 64 identische ALU's. Jede ALU hat einen eigenen Speicher von 2K Worten zu je 64 Bit (Schema 1). Als globaler Speicher dient eine Magnettrommel.

Die ALU's, die logisch als 8x8-Matrix angeordnet sind, können mit ihren 4 nächsten Nachbarn direkt Daten austauschen. Als Host diente zunächst eine Burroughs B6700, später 2 PDP10.

Hier noch einige fundamentale Leistungsdaten:

Die Taktzeit des Arrays betrug 62,5 Nanosekunden, die Gleitpunktmultiplikationszeit bei 64-Bit-Wortlänge 562,5 Nanosekunden (9 Taktzeiten).

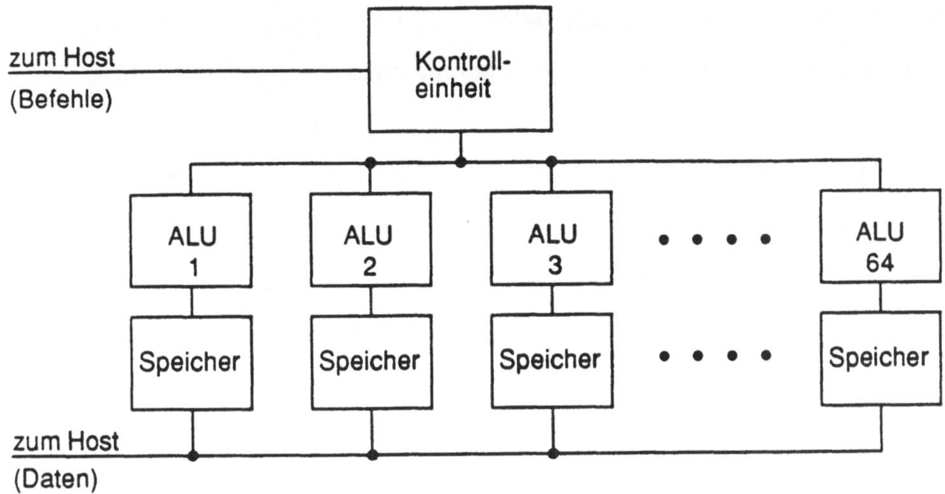

Bild 18

5.2.2 DAP (Distributed Array Processor)

Am Beispiel des DAP510, der in ECS die Klassifikation
(1,1024,1) ∨ (1,32,32) erhält, soll die Struktur, die
Programmierung und der Einsatzbereich von Feldrechnern
ausführlich dargestellt werden.

Wir haben den DAP deshalb für die ausführliche Betrachtung
ausgewählt, weil es in Erlangen eine fast zehnjährige
Erfahrung mit der DAP-Rechnerfamilie gibt <Erha83>,
<Erha84>, <Erha85>, <Erha87>. Diese Erfahrung schließt die
Nutzung des ersten DAP am Queen-Mary-College in London mit
64 x 64 ALU's ebenso ein wie die Algorithmenentwicklung auf
den eigenen Maschinen DAP2 und DAP510 mit jeweils 32 x 32
ALU's.

Wir werden später bei der Untersuchung von Algorithmen für parallele Strukturen immer wieder auf Beispiele für den DAP zurückkommen, um die Wechselbeziehung zwischen der Struktur und dem gewählten Lösungsalgorithmus zu verdeutlichen.

Der DAP510 ist der einzige Feldrechner, der in der Zwischenzeit in größeren Stückzahlen gebaut wird. Er ist im Vergleich zu den großen Pipelinerechnern verhältnismäßig billig (ca. 400.000,- DM bei 32x32 ALU's gegenüber weit mehr als 10 Mill. DM) und bei bestimmten Problemstellungen, wie z.B. der Berechnung von Ising-Modellen, durchaus ebenbürtig.

Bei ICL (International Computers Limited) in England gab es 1972 die ersten Überlegungen einen Feldrechner zu bauen, die 1974 zum Bau eines Prototyps mit 32x32 ALU's in TTL-Technik führten <Redd73>.

Nach der Entwicklung eines FORTRAN-Compilers mit zusätzlichen Funktionen für Vektor- und Matrizenbearbeitung im Jahr 1977 wurde 1980 ein erstes Exemplar mit 64x64 ALU's an das Queen-Mary-College in London ausgeliefert. Für die weitere Verbreitung wirkte sich nachteilig aus, daß dieser DAP ein ICL System 2900 als Host benötigte: Diese Großrechnerserie war außerhalb Großbritanniens nur wenig verbreitet und eine Anschaffung nur für den Betrieb des DAP war oft zu teuer; nur einige Exemplare dieser 1. DAP-Generation wurden deshalb gebaut.

Die 2. Generation dieses Typs (DAP2) war ein Feldrechner mit 32x32 ALU's in LSI-Technologie mit einem Kleinrechner PERQ als Host. Die Stückzahl war hier von vornherein auf ca. 20 Exemplare begrenzt.

Erst die 3. Generation des DAP , gebaut in VLSI-Technologie und anschließbar an Standardsysteme wie SUN oder VAX, wird für eine stärkere kommerzielle Verbreitung des DAP sorgen. Der DAP wird in zwei Varianten gebaut, DAP510 und DAP610. Die 1. Ziffer der Typenbezeichnung gibt Aufschluß über die Größe des Prozessorfeldes. Der DAP510 hat ein Prozessorfeld mit einer Kantenlänge von 2^5, also 32 x 32 ALU's, dementsprechend hat der DAP610 64 x 64 ALU's. Der 2. Teil der Typenbezeichnung gibt die Taktfrequenz in MHz an. Beide Typen arbeiten mit einer Frequenz von 10 MHz; dies entspricht einer Taktzeit von 100 ns.

Zum Vergleich mit anderen Maschinen zwei Leistungsdaten: Zykluszeit 100 Nanosekunden, Gleitpunktmultiplikation bei 32 Bit Operanden 155,7 Mikrosekunden.

Eine Leistungsbewertung werden wir in Kapitel V vornehmen.

Um einen Eindruck von der Leistungsfähigkeit unterschiedlicher Systeme zu bekommen, wollen wir in der folgenden Tabelle die benötigten Zeiten für die Gleitpunktmultiplikation von verschiedenen Systemen einander gegenüberstellen (32-Bit-Operanden).

Rechnertyp	Zeit für die Gleitpunkt-multiplikation in ns	Anzahl der Ergebnisse	Anteilige Zeit für 1 Gleitpunkt-multiplikation in ns
DAP510	155700	1024	152
DAP610	155700	4096	38
BSP	320	16	20
Transputer			
T800(20 MHz)	650	1	650
Alliant FX/8	170	8	21.3
Cray 1	12.5*	1	12.5
Cray X-MP	9.5	2	4.75
IBM 3838	100	1	100
CYBER 205	20*	1	20
ETA^{10}	5	2-8	0.63 - 2.5

* 64-Bit-Operanden

5.2.2.1 Die Struktur des DAP510

Bild 19 zeigt den prinzipiellen Aufbau des DAP510 mit einer SUN-Workstation als Host.

Das Feld besteht aus 32x32 Recheneinheiten (ALU's), die sehr einfach aufgebaut sind. Jede ALU hat drei 1-Bit-Register, die im Bild 19 als Ebenen dargestellt sind:

Die Q-Ebene als Akkumulator, die C-Ebene für das Carrybit und die A-Ebene als Aktivitätsbit.

Eine Besonderheit stellt die D-Ebene dar. Mit ihrer Hilfe können Daten mit einer Rate von 50 Mbyte aus dem Speicher ausgelesen bzw. eingespeichert werden. Dies kann sowohl für den Betrieb schneller Hintergrundspeicher als auch für die schnelle Kommunikation zwischen DAP's genutzt werden.

KEYBOARD
DISPLAYS
NETWORK
Sun
SCSI
HOST CONNECTION UNIT
CODE MEMORY
MASTER CONTROL UNIT
Q PLANE ACCUMULATOR
A PLANE ACTIVITY CONTROL
C PLANE CARRY
FAST DATA CHANNEL
Q
A
C
D
PROCESSOR ELEMENT
32 KBITS
32
32
ARRAY MEMORY

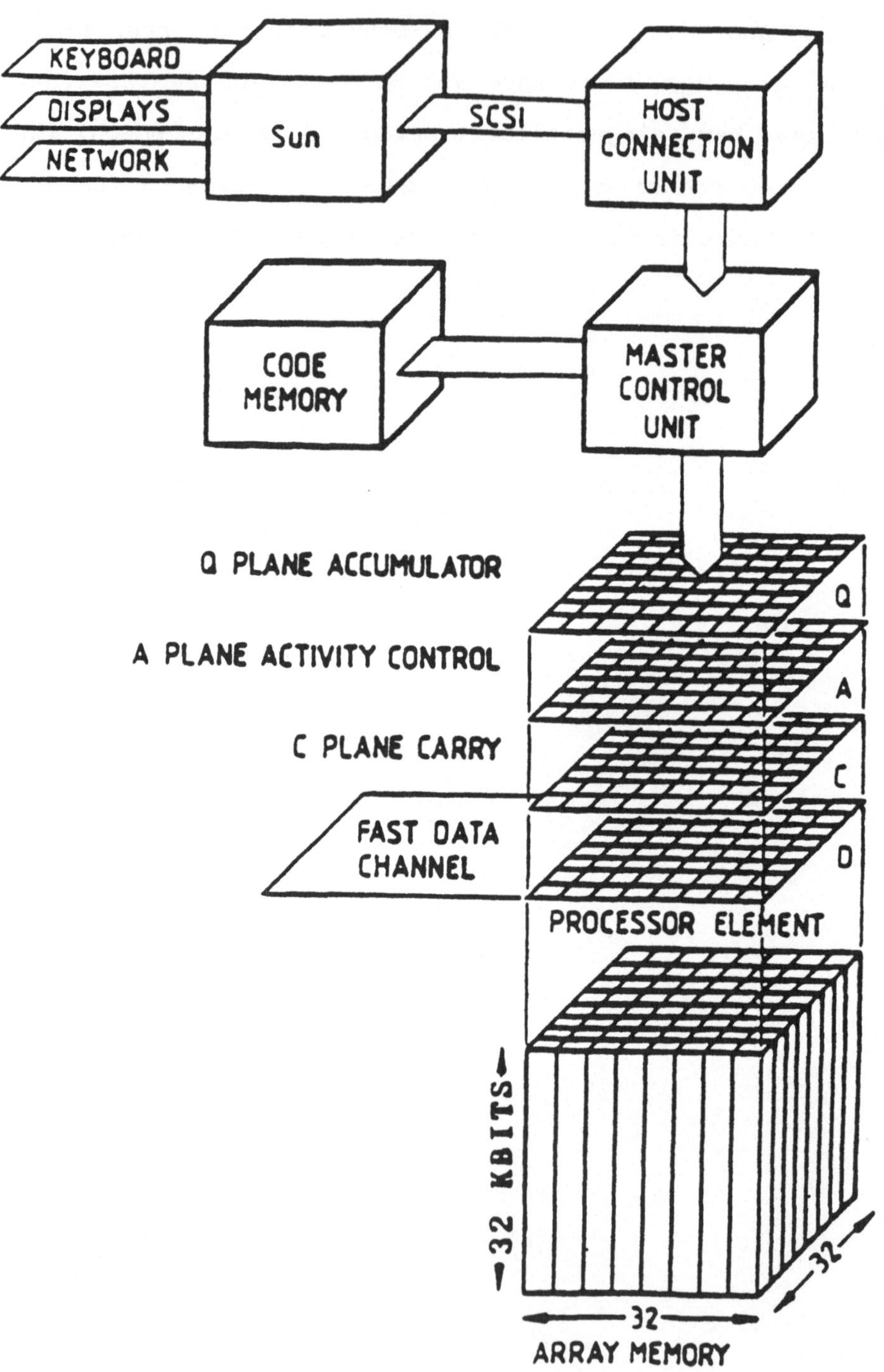

Bild 19

Mit dem Setzen bzw. Löschen des Bits in der A-Ebene kann man einzelne ALU's ausblenden, d.h. überall dort wo das A-Bit den Wert FALSE hat, wird die ALU stillgelegt. Jede ALU hat einen eigenen Speicher von 32 K x 1 Bit. Kommunikation ist möglich mit den 4 Nachbarprozessoren im Norden, Süden, Westen und Osten. Man spricht hier von einem NEWS - (North East West South) Verbindungsnetz. Durch einen 1-Bit-Volladdierer werden die Inhalte der Register Q und C mit einem Bit aus dem Speicher oder von einem der 4 Nachbarprozessoren verknüpft. Sowohl das Ergebnis im Q-Register (Akkumulator) als auch der Überlauf im C-Register können an einen der Nachbarn geschickt werden; der Inhalt des Q-Registers kann auch im Speicher abgelegt werden.
Den internen Aufbau einer ALU zeigt Bild 20.

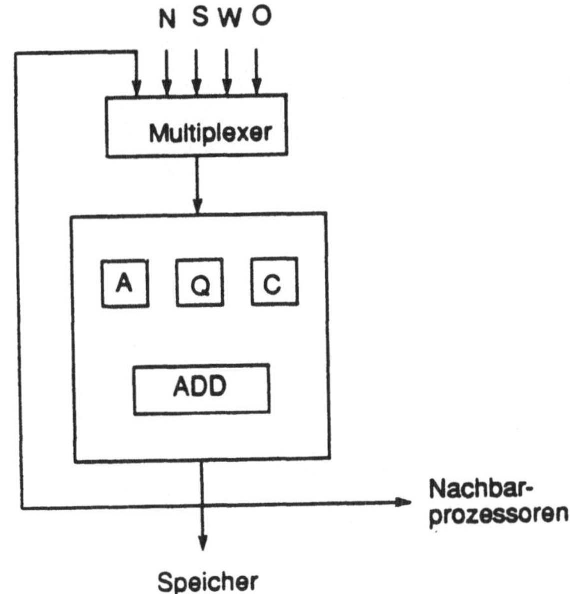

Bild 20

Für die Bearbeitung von Daten unterscheidet man im DAP zwei
Ablagemöglichkeiten im Speicher:

- Vektormodus

- Matrixmodus

5.2.2.2 Vektormodus

Im Vektormodus werden die Daten horizontal im Speicher abgelegt. Dadurch wird ein 32-Bit-Datum über den Speicher von
32 ALU's verteilt. Pro Speicherebene können 32 solcher
Daten abgelegt werden. Bei der Ausführung von
arithmetischen Operationen auf diesen Daten wirkt sich
negativ aus, daß zwischen den Recheneinheiten kommuniziert
werden muß. So muß bei der Addition das jeweilige Carrybit
an die nächsthöhere Stelle weitergegeben werden. Positiv
wirkt sich aus, daß bei kleinen Datenmengen Speicherplatz
gespart wird. So belegen 32 32-Bit-Worte im Vektormodus
eine Speicherebene, im Matrixmodus dagegen 32.

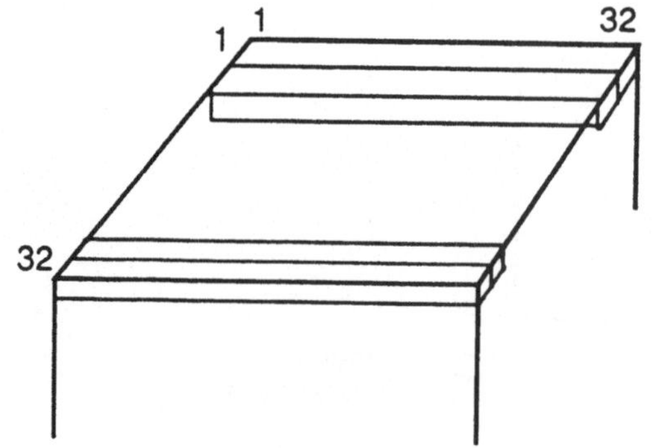

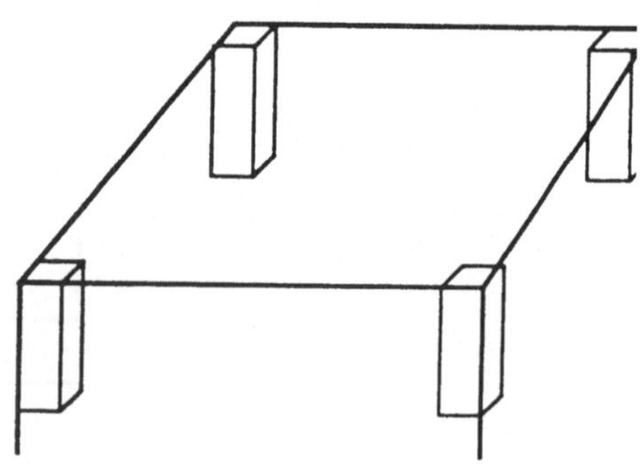

Vektormodus   Matrixmodus

Bild 21

5.2.2.3 Matrixmodus

Im Matrixmodus werden die Daten vertikal im Speicher abgelegt. Dadurch wird ein 32-Bit-Datum auf 32 Speicherebenen verteilt, bleibt aber im Speicher einer ALU. Hier ist bei der Ausführung von arithmetischen Operationen keine Kommunikation zwischen den Recheneinheiten notwendig, da jede ALU auf ihrem eigenen Speicher arbeitet (zu Vertikalverarbeitung siehe auch 6.1).

Die dabei erreichten Verarbeitungsgeschwindigkeiten liegen um ein Vielfaches über denen im Vektormodus. Als Richtschnur gilt, daß die Bearbeitung einer Matrix der Größe 32 x 32 im Matrixmodus etwa solange dauert wie die Bearbeitung von 4 Vektoren der Länge 32 im Vektormodus. Man wird deshalb bei Datenmengen, die mehr als etwa 130 Elemente enthalten, den Matrixmodus bevorzugen, auch wenn dadurch nur ein geringer Teil der ALU's arbeitet. Bei der Addition zweier ganzer Zahlen im Matrixmodus bedeutet dies, daß der Vorgang wie "mit der Hand" abläuft. Dies entspricht dem Prinzip des Serienaddierers. $Z = X + Y$ wird so ausgeführt, daß jede ALU das niedrigstwertige Bit x_0 ihres Datums x in das Q-Register lädt und dann y_0 aus dem Speicher dazu addiert. Das Ergebnis wird im Speicher bei z_0 abgelegt, ein eventuell vorhandener Übertrag kommt ins C-Register (siehe Bild 22). Danach wird x_1 geladen, mit y_1 und c_0 verknüpft und nach z_1 bzw. ins C-Register übertragen. Jede ALU führt diese Operationen auf ihrem eigenen Speicher aus; somit hat man nach 32 solcher Elementarschritte 1024 Additionsergebnisse.

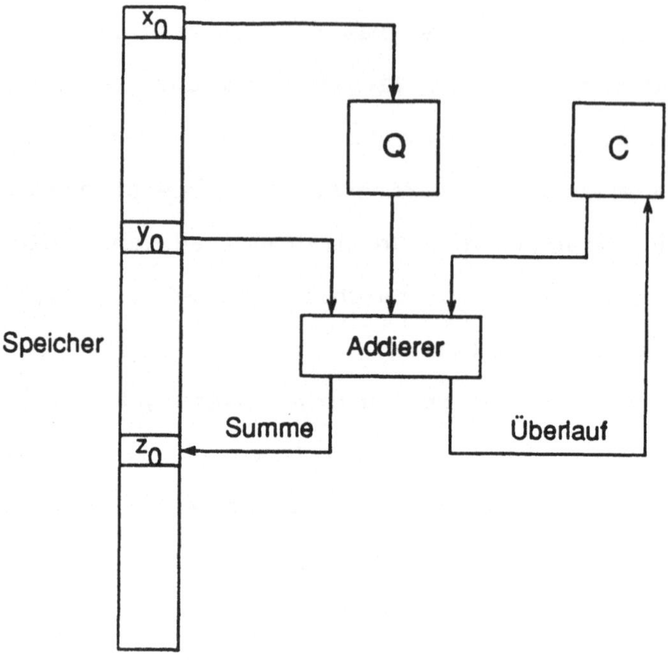

Bild 22

5.2.2.4 Programmierung

Die Programmierung des DAP510 erfolgt in einem erweiterten
FORTRAN 4, das sich FORTRAN PLUS nennt.

Die Erweiterungen beziehen sich zum einen auf die Datenmodi
Vektor und Matrix. Dies bedeutet, daß die arithmetischen
und logischen Operationen und die Standardfunktionen neben
dem Modus Skalar auch diese beiden Modi zulassen.

Zum anderen werden neue Funktionen definiert, die das
Arbeiten mit Matrizen und Vektoren erleichtern.

Einige Beispiele sollen diese beiden Erweiterungsmöglich-
keiten verdeutlichen:

A = 5   Allen Elementen der Matrix A wird der

                      Wert 5 zugewiesen

A = B + C   Die Matrizen B und C werden elementweise

                      addiert und in der Matrix A gespeichert

A = A**2   Die Matrix A wird elementweise quadriert

A = SIN(B)   Elementweises Berechnen des Sinus und

                      Speicherung in A

A = MERGE(A,B,C)   Mischen der Matrizen A und B in

                      Abhängigkeit von der logischen Matrix C

S = SUM(A)   Summieren aller Elemente von A zum

                      Skalarwert S

S = MAXV(A)   Ermitteln des maximalen Elements von A

A = SHWC(A)   Die Matrix A wird um eine Position

                      zyklisch nach Westen geschoben

A(B.GE.A) = B   Implizite Maskierung; die Zuweisung wird

                      nur bei den Elementen vorgenommen, bei

                      denen die Bedingung erfüllt ist. Alle

                      anderen Elemente bleiben unverändert

Das Programm selbst zerfällt in einen Hostteil, der vor allem für die Ein-/Ausgabe zuständig ist und in einen DAP-Teil, in dem die rechenintensiven Arbeiten ausgeführt werden.

Das Hostprogramm kann in einer beliebigen Programmiersprache geschrieben werden. Beide Teile werden getrennt übersetzt und gebunden. Die Kommunikation erfolgt über gemeinsame COMMON-Bereiche.

5.2.2.5 Einsatzbereiche des DAP510

Der DAP510 läßt sich überall dort gut einsetzen, wo einer
oder mehrere der folgenden Punkte erfüllt sind:

- Die Problemstellung ist auf Matrizen abbildbar
  (Matrizen beliebiger Dimension)
- Häufige Ausführung logischer Operationen auf Matrizen
  (Maskierung)
- Häufiger Gebrauch von Spalten- oder Zeilenvektoren
- Nutzung der Nachbarschaftsbeziehungen der Prozessoren
- Bit-/Byteweises Arbeiten wie z.B. bei Isingmodellen
  oder in der Bildverarbeitung
- Gebrauch beliebiger Wortlängen
- Häufiger Aufruf von Standardfunktionen wie z.B.
  Quadratwurzel, Logarithmus oder Sinus/Cosinus. In
  Kapitel VI wird gezeigt, daß diese Funktionswerte in
  der Größenordnung _einer_ Gleitpunktmultiplikationszeit
  berechnet werden.

5.2.2.6 Ein Beispiel für die Leistungsfähigkeit des DAP510

Mit einem Programmstück für die _Mittelwertberechnung aus
4 Nachbarelementen_ soll hier exemplarisch die Leistungsfähigkeit des DAP510 dargestellt werden.

Ein serielles FORTRAN-Programm für die Mittelwertberechnung
für eine Matrix der Dimension 32x32 hat folgendes Aussehen:

```
      DO 1 K=2,31
      DO 1 J=2,31
1     C(K,J)=(A(K-1,J)+A(K,J+1)+A(K+1,J)+A(K,J-1))/4
```

Bei Ausführung dieses Programms fallen ca. 2700 Additionen und 900 Divisionen an. Zusätzlich werden für die Index-rechnung nochmals ca. 13000 Operationen ausgeführt.

In FORTRAN PLUS erhält man die folgende Codezeile:

$$C=(A(-,)+A(,+)+A(+,)+A(,-))/4$$

Vor Ausführung der Additionen wird die Matrix A unter Benutzung des NEWS-Netzwerks jeweils um eine Position in die Richtungen Nord, Süd, West und Ost geschoben. Bei den Additionen stehen dann die Summanden jeweils bei den entsprechenden ALU's zur Verfügung.
Auszuführen sind hierbei 4 Schiebeoperationen, 3 Additionen und 1 Division.

5.2.3 BSP (Burroughs Scientific Processor)

Obwohl der BSP mit nur 16 ALU's ausgestattet war, hat der 1980 vorgestellte Prototyp hinsichtlich Verbindungs-netzwerk und Softwareumgebung großes Interesse erweckt. Aufgrund einer Managemententscheidung wurde der BSP aber nie an Kunden ausgeliefert.
Seinen Aufbau (Schema 2) zeigt Bild 23:

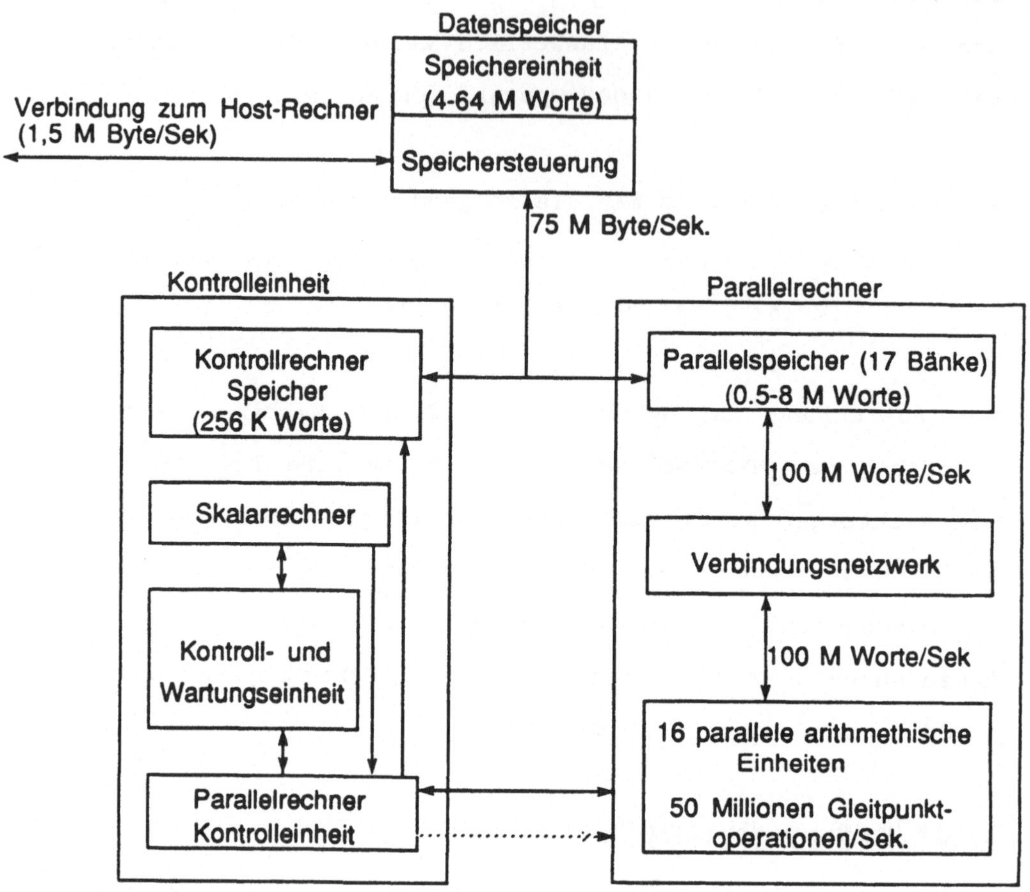

Bild 23

5.2.3.1 Recheneinheiten (ALU's)

Der BSP hat 16 identische 48-Bit-Gleitpunktrecheneinheiten,
die nach dem SIMD-Prinzip arbeiten. Eine Gleitpunktmultiplikation wird in 320 Nanosekunden ausgeführt, was 2 Taktzeiten entspricht.

5.2.3.2 Speicherstruktur

Der Speicher ist in CCD (Charged-Coupled Device)-
Technologie aufgebaut und hat eine Zykluszeit von 160
Nanosekunden. Dies entspricht der Taktzeit der Rechen-
einheiten. Der Speicher ist in 17 Speicherbänke aufgeteilt.
Dabei ist 17 die kleinste Primzahl, die größer ist als die
Anzahl der ALU's. Den Grund für diese Wahl werden wir in
5.2.3.4 noch näher betrachten.

5.2.3.3 Verbindungsnetzwerk

Die 16 ALU's sind über einen Kreuzschienenverteiler mit den
17 Speicherbänken verbunden <Burr77>. Dies bedeutet, daß
jede ALU zu jeder Speicherbank Zugriff hat.

5.2.3.4 Speicherbelegung

Da die Zykluszeit des Speichers und die Taktzeit der ALU's
gleich sind, kann es eventuell zu Speicherzugriffskonflikten kommen. Dies kann man dadurch verhindern, daß man die Zykluszeit des Speichers wesentlich
schneller macht. Hier hat man eine andere interessante
Methode gewählt:
Man verwendet Speicherbänke, deren Anzahl eine Primzahl
(hier 17) und größer als die Anzahl der ALU's (hier 16)
ist und einen Kreuzschienenverteiler zwischen Speicher und
ALU's.
Vektoren und Matrizen werden im Normalfall fortlaufend oder
mit konstanter Adreßdistanz aus dem Speicher zu den
arithmetischen Einheiten transportiert und umgekehrt.

Durch die Definition einer geeigneten Abbildungsfunktion kann man erreichen, daß Speicherzugriffskonflikte dann nicht entstehen, wenn der Abstand der auszulesenden Elemente ungleich der Anzahl der Speicherbänke ist.

Dies wollen wir im folgenden allgemein gültig formulieren.

5.2.3.5 Abbildungsfunktion

Sei P die Anzahl der ALU's, M die Anzahl der Speicherbänke und a die laufende Nummer eines Elements in einem Vektor oder einer Matrix. Bei Matrizen stellen wir uns vor, daß die Spalten aneinander gehängt und die Elemente dann fortlaufend durchnumeriert werden.

Für jedes Element eines Vektors oder einer Matrix läßt sich durch die folgende Vorschrift die Speicherbank und die Platznummer innerhalb der Speicherbank berechnen:

Speicherbanknummer $m = a \bmod M$

Platznummer $n = \mathrm{int}\,(a/P)$

Wir wollen jetzt zeigen, daß zwei verschiedene Elemente eines Vektors oder einer Matrix, deren Distanz ungleich M oder einem Vielfachen von M ist, in verschiedenen Speicherbänken liegen.

Voraussetzung:

Seien a_1 und a_2 die Adressen der zu betrachtenden Elemente mit $a_2 > a_1$ und $a_2 - a_1$ ungleich $c*M$.

Dann gilt:

$\quad m_1 = a_1 \bmod M \quad$ und $\quad m_2 = a_2 \bmod M$

Zu zeigen:

$\quad m_1$ ist ungleich m_2

Annahme:

$m_1 = m_2$

Beweis:

Falls $m_1 = m_2$ ist, dann gilt: $a_1 \bmod M = a_2 \bmod M$

Daraus folgt: $a_1 = c + c_1 * M$

$$a_2 = c + c_2 * M$$

$$a_2 - a_1 = (c_2 - c_1) * M = c' * M$$

Dies ist ein Widerspruch zur Voraussetzung.

Damit gilt: m_1 ist ungleich m_2.

5.2.3.6 Beispiel

Wie wollen uns dies an einem kleinen Beispiel verdeutlichen. Für unser Beispiel wollen wir der Übersichtlichkeit
wegen annehmen, daß uns 6 ALU's mit 7 Speicherbänken zur
Verfügung stehen.

Betrachten wir zunächst eine Matrix mit 4x5 Elementen und
ihre Ablage im seriellen Rechner.

$$
A = \begin{pmatrix}
a_{11} & a_{12} & a_{13} & a_{14} & a_{15} \\
a_{21} & a_{22} & a_{23} & a_{24} & a_{25} \\
a_{31} & a_{32} & a_{33} & a_{34} & a_{35} \\
a_{41} & a_{42} & a_{43} & a_{44} & a_{45}
\end{pmatrix}
$$

Die Ablage im Speicher erfolgt spaltenweise und ergibt
folgendes Bild:

$$a_{11}\ a_{21}\ a_{31} \cdots\cdots\cdots\cdots\cdots a_{15}\ a_{25}\ a_{35}\ a_{45}$$

Speicher-
adresse a   0   1   2 $\cdots\cdots\cdots\cdots$ 16   17   18   19

Mit P=6 (Anzahl der ALU's) und M=7 (Anzahl der Speicherbänke) werden die Daten nach folgender Vorschrift auf den
Speicher abgebildet:

Speicherbanknummer m = a mod 7

Platznummer n = int (a/6)

Damit werden in unserem Beispiel die Elemente wie folgt
abgelegt:

	a_{11}	a_{21}	a_{31}	a_{41}	a_{12}	a_{22}	a_{32}	a_{42}	a_{13}	a_{23}	a_{33}	a_{43}
a	0	1	2	3	4	5	6	7	8	9	10	11
m	0	1	2	3	4	5	6	0	1	2	3	4
n	0	0	0	0	0	0	1	1	1	1	1	1

	a_{14}	a_{24}	a_{34}	a_{44}	a_{15}	a_{25}	a_{35}	a_{45}
a	12	13	14	15	16	17	18	19
m	5	6	0	1	2	3	4	5
n	2	2	2	2	2	2	3	3

Das ergibt folgende Ablage im Speicher:

m =	0	1	2	3	4	5	6
n = 0	a_{11}	$a_{\underline{21}}$	a_{31}	a_{41}	a_{12}	$a_{\underline{22}}$	---
1	a_{42}	a_{13}	$a_{\underline{23}}$	a_{33}	a_{43}	---	a_{32}
2	a_{34}	a_{44}	a_{15}	$a_{\underline{25}}$	---	a_{14}	$a_{\underline{24}}$
3					---	a_{35}	a_{45}

Will man, von einem beliebigen Element ausgehend, im
gleichen Abstand Elemente auslesen, so sieht man, daß sie
immer dann in verschiedenen Speicherbänken liegen, wenn der
Abstand ungleich 7 ist.

In der obigen Speicherbelegung sind die Elemente der 2. Zeile (Startadresse 1, Abstand 4) unterstrichen. Über den Kreuzschienenverteiler wird zur Bearbeitung dieser Zeile zwischen den ALU's und den entsprechenden Speicherbänken eine Verbindung hergestellt.

Bei der Wahl dieser Abbildungsfunktion von Daten auf den Speicher hat man allerdings einen Speicherverschnitt. Dies wird im obigen Beispiel durch Striche gekennzeichnet.

5.2.3.7 Software

Eine weitere Besonderheit des BSP war sein zum damaligen Zeitpunkt (1980) ungemein leistungsfähiger Vektorizierer. Mit Hilfe des Vektorizierers wird Parallelität in Programmen und hier hauptsächlich in DO-Schleifen erkannt und für das System parallelisiert.

Damit wurde der 1. Schritt zur Parallelisierung von Programmen (siehe 5.1) hier bereits automatisiert.

5.2.4 STARAN

Den wesentlichen Aufbau des STARAN (Schema 2) der Firma Goodyear Aerospace zeigt Bild 24. Der Speicher des STARAN ist nach dem Orthogonalitätsprinzip aufgebaut. Dies bedeutet, daß auf den Speicher in unterschiedlichen Modi zugegriffen werden kann.

Die Daten können nicht nur nach ihrer physikalischen Lage sondern auch aufgrund ihres Inhalts adressiert werden (Assoziatives Verarbeitungsprinzip).

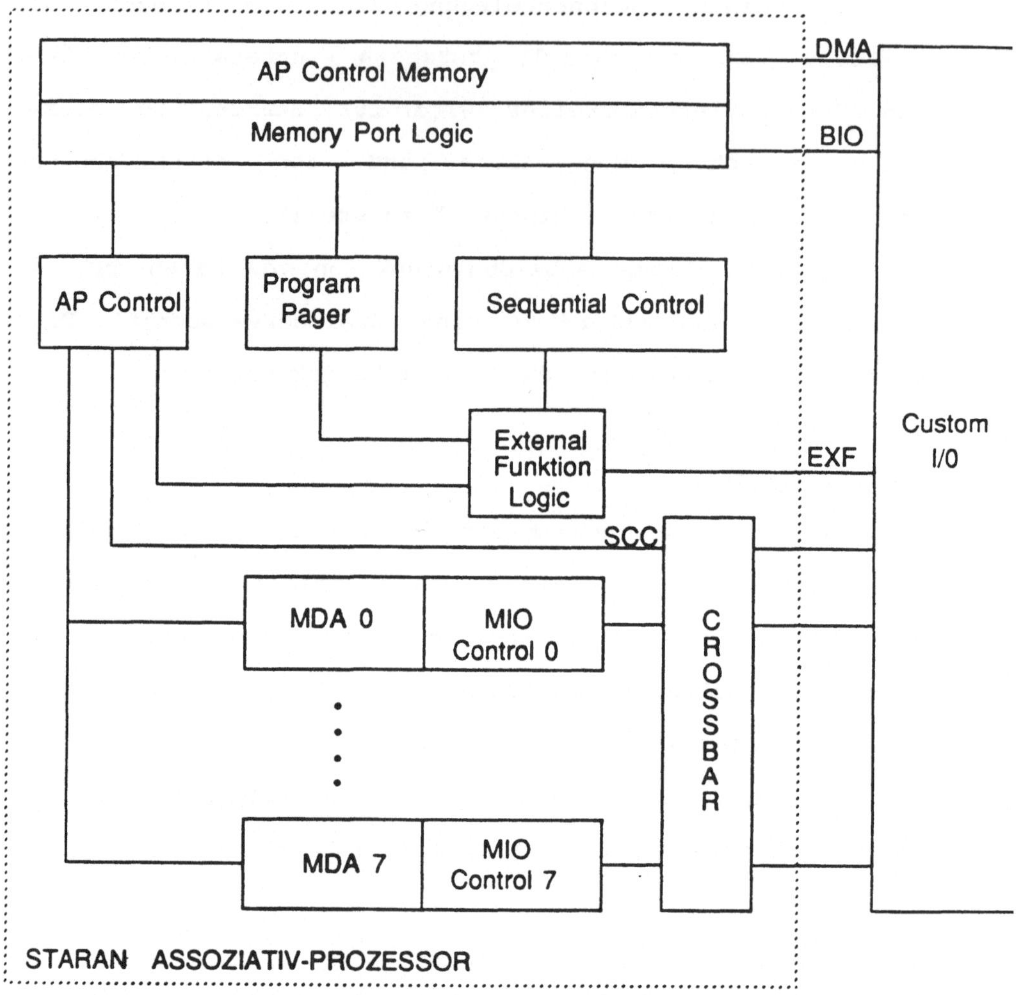

Bild 24

Der STARAN hat als Besonderheit das MDA (Multi Dimensional
Array), das hier näher erläutert werden soll.

Beim STARAN E als Nachfolger des 1972 vorgestellten
STARAN B gibt es 1 - 8 (später bis 32) MDA's.

Jedes MDA enthält einen Speicher mit 256 Worten zu 1K-64K
Bits, 256 ALU's und ein Verbindungsnetzwerk zwischen
Recheneinheiten und Speicher, das es jeder ALU ermöglicht,
auf jedes Bit im Speicher zuzugreifen.

Der Zugriff auf den Speicher erfolgt auf mehrere Arten (deshalb auch die Bezeichnung Multi Dimensional Array)

- horizontal auf alle 256 Bits eines Wortes (Word slice)

- vertikal auf das gleiche Bit aller 256 Worte (Bit slice)

- nach einem bestimmten Zugriffsmuster auf 256 Bits aller Worte und aller Bits (Mixed Mode)

Die Prozessoren arbeiten bitorientiert und haben jeweils drei 1-Bit-Register M, X und Y. In X und Y werden die Suchergebnisse bzw. die Ergebnisse von arithmetischen Operationen abgespeichert, M ist ein Maskenregister (Bild 25).

Die Daten fließen vom Orthogonalspeicher über ein Permutationsnetzwerk zu den Verarbeitungseinheiten. Durch das Permutieren der Daten kann jede ALU auf jedes Bit im Speicher zugreifen. Beim Zurückspeichern der Daten kann ebenfalls wieder permutiert werden.

Nachteilig wirkt sich beim STARAN aus, daß es zur Programmierung keine höhere Programmiersprache gibt.

Nachfolger des STARAN ist der MPP (Massive Parallel Processor), der eine DAP-ähnliche Struktur hat.

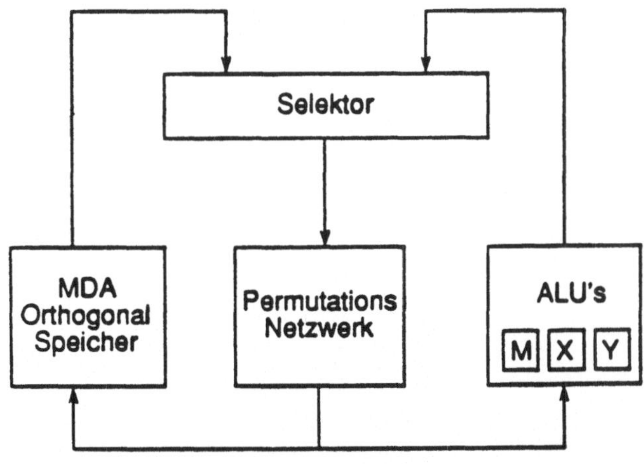

Bild 25

6. Multiprozessorstrukturen

Einziges gemeinsames Kennzeichen für Multiprozessoren ist das Arbeitsprinzip MIMD (Multiple Instruction, Multiple Data).

Die einzelnen Systemkomponenten wie z.B. Prozessoren, Verbindungsnetzwerke oder Kommunikation können vollkommen verschieden sein.

Bei der Programmierung ist insbesondere die Lastverteilung auf die einzelnen Prozessoren ein großes Problem.

Ein Großteil dieser Systeme ist an Hochschulen aus Forschungsprojekten heraus entstanden und meist nur einmal gebaut worden.

Kommerziell verfügbar sind meist Großrechner verschiedener Hersteller, bei denen lediglich die CPU-Einheit vervielfacht wurde. Damit können dann mit n CPU-Einheiten n eventuell unterschiedliche Aufgaben bearbeitet werden. Bei den anschließend vorgestellten Multiprozessorsystemen wird eine Lastverteilung auf die Prozessoren innerhalb einer Aufgabe vorgenommen.

An den ausgewählten Beispielen wollen wir neben der unterschiedlichen Architektur auch die verschiedenen Möglichkeiten der Kommunikation betrachten. Hier gibt es im wesentlichen die Speicherkopplung (EGPA, DIRMU), Bussysteme (SUPRENUM), Netze (FPS T-Serie), Schaltnetzwerke (HEP) und Kreuzschienenverteiler (BSP aus 5.2.3).

6.1 EGPA (Erlangen General Purpose Array)

Im Rahmen eines Forschungsprojekts <Haen83> wurde an der Universität Erlangen-Nürnberg eine Klasse von pyramidenförmig aufgebauten Multiprozessorsystemen entworfen und ein Prototyp mit vier Arbeitsprozessoren und einem Masterprozessor gebaut. Dieses System ist in die Tiefe erweiterbar. Durch die Erweiterung bleibt die Pyramidenform erhalten. Man hat dadurch eine größen-unabhängige Topologie und die Leistung der unterschiedlich großen Systeme ist skalierbar.

Der Prototyp wurde realisiert mit Rechner vom Typ AEG 80-60. Die Kommunikation der Rechner erfolgt über gemeinsame Speicher, d.h. das System ist speichergekoppelt. Der Prozessor B an der Spitze der Pyramide hat Zugriff auf den Speicher der vier A(rbeits)-Prozessoren. Die A-Prozessoren haben Zugriff auf den eigenen Speicher und auf den Speicher der beiden direkten Nachbarn (Bild 26).

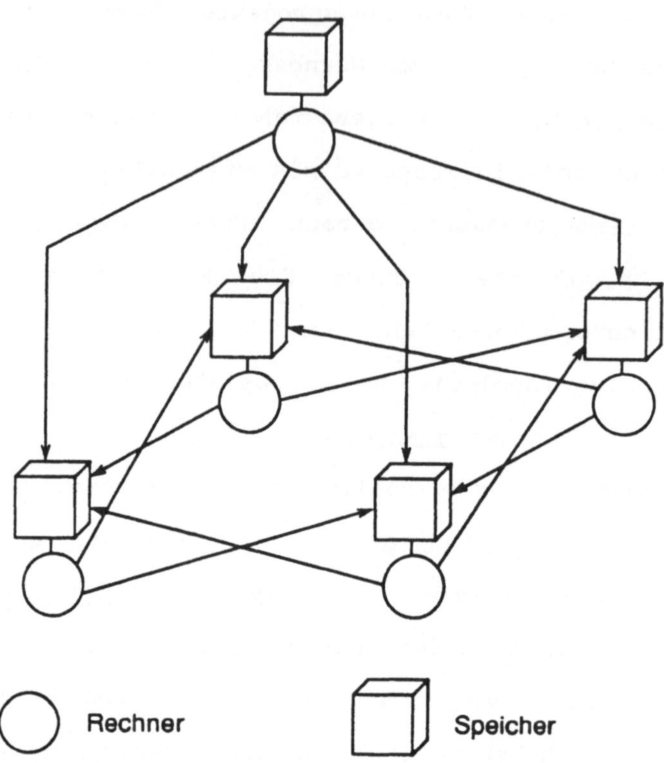

Bild 26

Die Daten können im Speicher, ähnlich wie beim DAP, horizontal und vertikal abgelegt und verarbeitet werden. Zur Konvertierung von horizontal zu vertikal wurde eine spezielle Hardware, _die sog. Drehscheibe_, eingesetzt.

Das System, an dem wertvolle Erfahrung für die Problemzerlegung gewonnen wurde, ist inzwischen wieder abgebaut.

Für zahlreiche Problemstellungen konnte die Vermutung von Minsky, daß für p Prozessoren nur ein "Speed-up" von ld(p) möglich ist, widerlegt werden. Bild 27 stellt den Speed-up für verschiedene Aufgabenstellungen bei der Verwendung von 4 Prozessoren dar (Pyramidenspitze nicht eingerechnet).

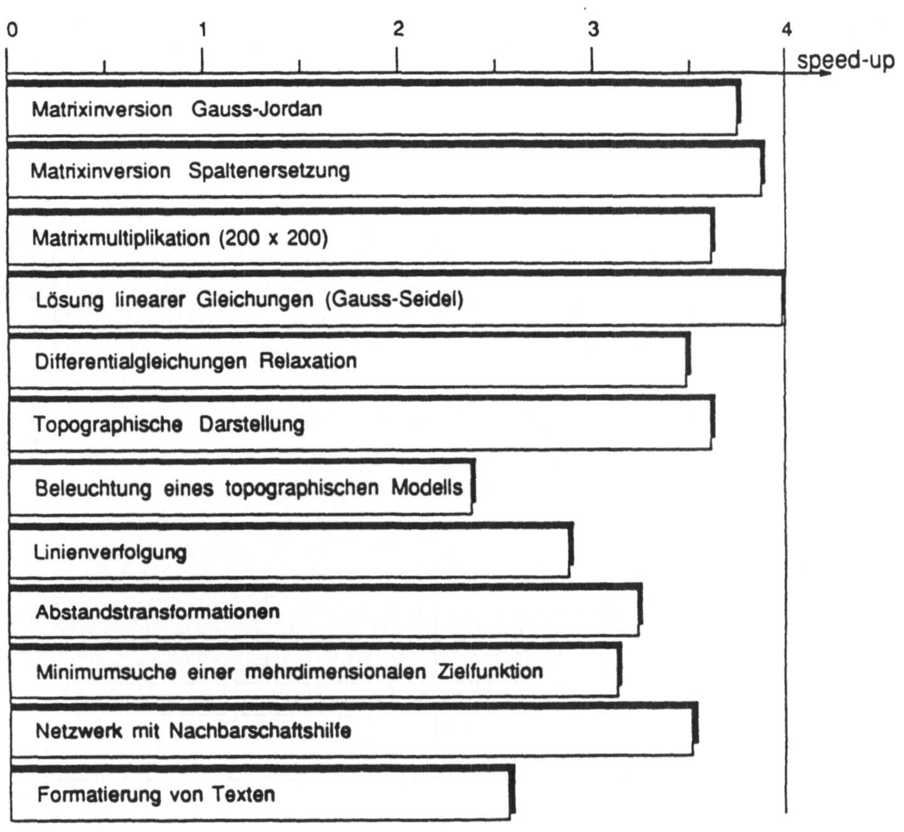

Bild 27

6.2 DIRMU (Distributed Reconfigurable Multiprocessor Kit)

Bei DIRMU, einer weiteren Entwicklung der Universität Erlangen, handelt es sich um ein Baukastensystem von steckbaren Verarbeitungsmoduln für Benutzer-konfigurierbare Multi-Mikrorechner <Haen85>.

Bild 28 zeigt den Aufbau eines Moduls.

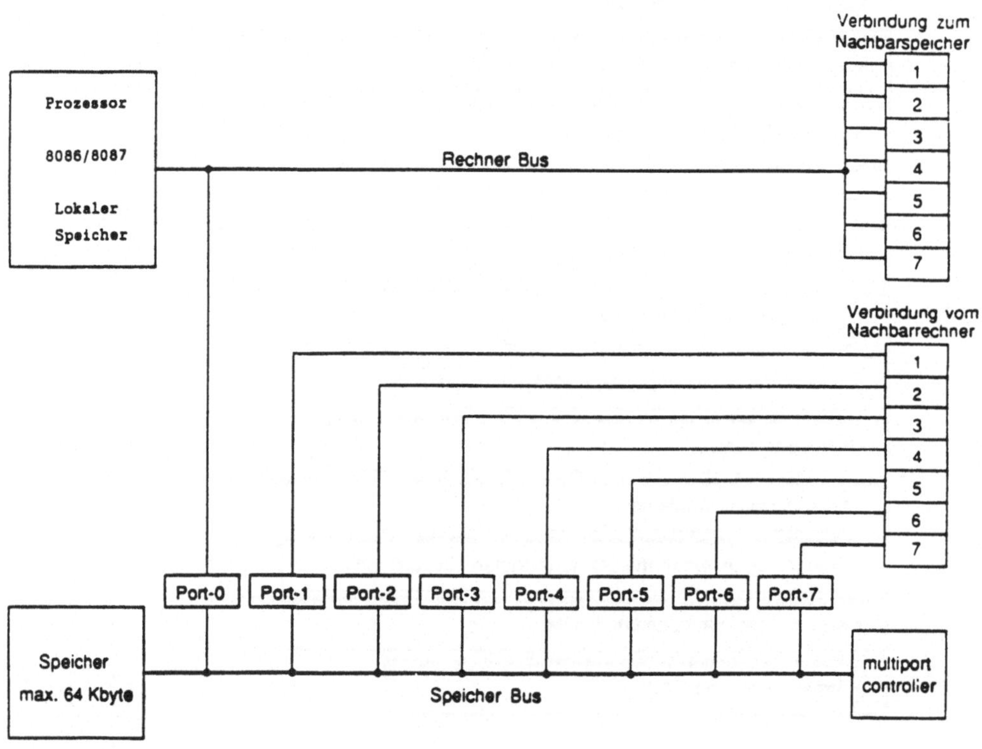

Bild 28

Jeder Modul enthält neben dem Prozessor einen Multiport-speicher. Jeder Prozessor kann mit bis zu 7 anderen Multiportspeichern verbunden werden. Diese Verbindungen sind vom Benutzer steckbar, so daß sich sehr <u>unterschied-liche Strukturen</u> wie z.B. Ringe, Felder, Bäume, Pyramiden oder n-dimensionale Würfel konfigurieren lassen. Wie bei EGPA wird damit auch bei DIRMU die Kommunikation über eine Speicherkopplung realisiert. Im Gegensatz zu EGPA können aber insgesamt 8 Module über einen gemeinsamen Speicher kommunizieren.

Der Baukasten wurde realisiert mit 26 Prozessoren vom Typ Intel 8086 mit Koprozessor 8087.

DIRMU wird unter anderem für Forschungsarbeiten zum Thema Problemzerlegung und Lastverteilung und zur Konfiguration fehlertoleranter Systeme eingesetzt <Maeh83>.

6.3 HEP (<u>H</u>eterogenous <u>E</u>lement <u>P</u>rocessor)

Die Struktur des HEP unterscheidet sich wesentlich von den bisher betrachteten Multiprozessorsystemen. Der HEP besteht aus 1 - 16 Prozessoren, einer Menge von Speichermedien, E/A-Kontrollern und einem Schalter, der diese Komponenten verbindet <Hwan84>.

Die Prozessoren enthalten mehrere ALU's, die für einzelne Aufgaben spezialisiert sind. Diese ALU's arbeiten nach dem Pipeline-Prinzip und akzeptieren alle 100 ns neue Operanden. Man unterscheidet synchron arbeitende ALU's (z.B. Gleitpunktaddition, -multiplikation) mit einer Verarbeitungszeit von insgesamt 800 ns und asynchron arbeitende ALU's (z.B. Gleitpunktdivision) mit einer Verarbeitungszeit von mehr als 800 ns.

Die Prozessoren <u>kommunizieren</u> untereinander und mit den Speichermedien über einen <u>packet-switching-Mechanismus</u>. Dabei ist der Schalter für die Routenwahl zuständig. Die Struktur ist in Bild 29 dargestellt:

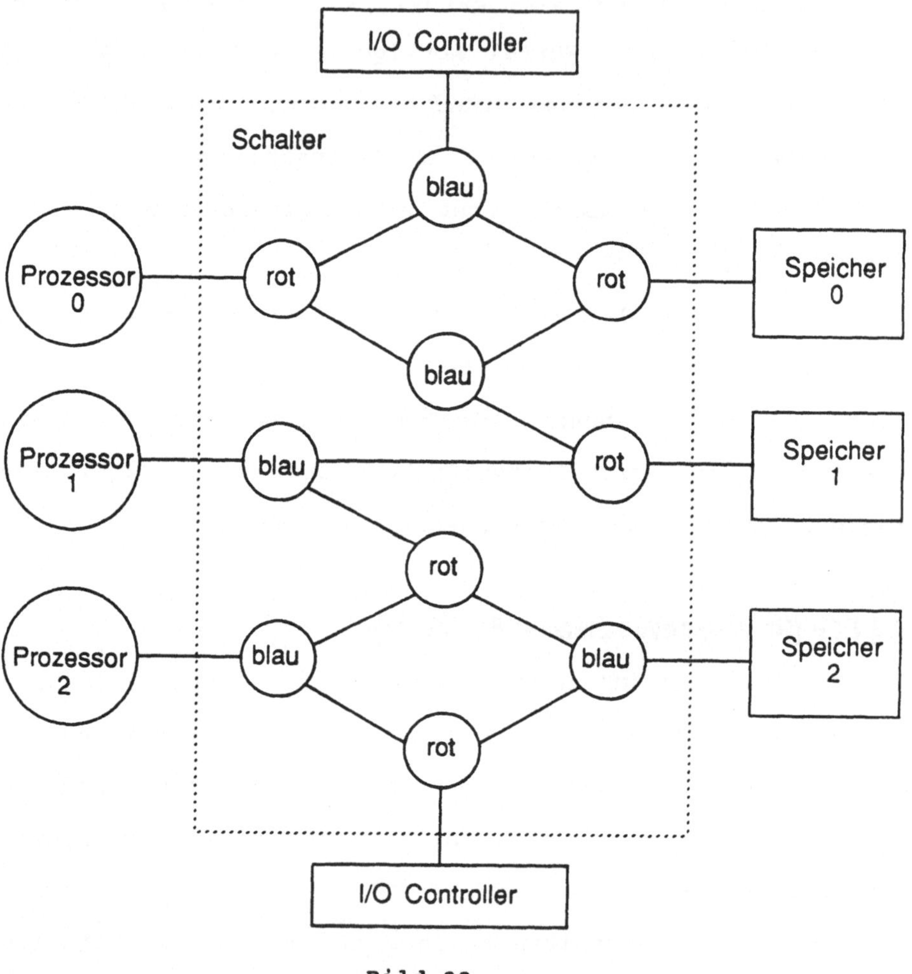

Bild 29

Wir wollen die Funktion des Schalter und damit die Routenwahl etwas genauer betrachten.

Die hier mit rot und blau bezeichneten Knoten haben je 3 Vollduplexeingänge. Das bedeutet, daß jeder Knoten gleichzeitig drei Nachrichten empfangen oder senden kann.

Jede Nachricht enthält neben der Information die Bestimmungsadresse. Jeder Knoten hat 3 Routing-Tabellen, für jeden Ausgang eine, die bei der Systemkonfigurierung geladen werden. Damit kann jeder Knoten den besten Weg für eine Nachricht, die er empfängt und die nicht für ihn bestimmt ist, feststellen.

Kommt es zu Konflikten, weil zwei oder drei Nachrichten denselben Weg benutzen wollen, dann gewinnt eine Nachricht und die anderen werden auf einen anderen, nicht optimalen Weg geschickt. In jeder Nachricht wird deshalb ein Zähler mitgeschickt, der immer dann um eins erhöht wird, wenn nicht der beste Weg gewählt werden konnte.

In Konfliktfällen gewinnt dann die Nachricht mit dem höchsten Zählerstand. Jeder Knoten nimmt alle 100 Nano-sekunden Nachrichten an. Die Bearbeitungszeit im Knoten dauert 50 Nanosekunden. Deshalb besteht der Schalter aus 2 Sorten von Knoten, rot und blau, die gegeneinander versetzt um 50 Nanosekunden Nachrichten entgegennehmen bzw. senden.

6.4 SUPRENUM (Superrechner für numerische Anwendungen)

Der SUPRENUM-Rechner <Gilo88> ist das zur Zeit größte Projekt für Multiprozessoren in der Bundesrepublik Deutschland. Es entsteht unter Leitung des Bundesforschungsinstituts GMD und der SUPRENUM GmbH in Zusammenarbeit zahlreicher Hochschulen und verschiedener Industriefirmen.

Das System wird aus _Clustern_ aufgebaut. Jedes Cluster enthält 16 Prozessoren des Typs Motorola MC 68020 mit Vektoreinheit Weitek WT 2264/225 sowie lokalem Speicher. Den Aufbau eines Cluster zeigt Bild 30:

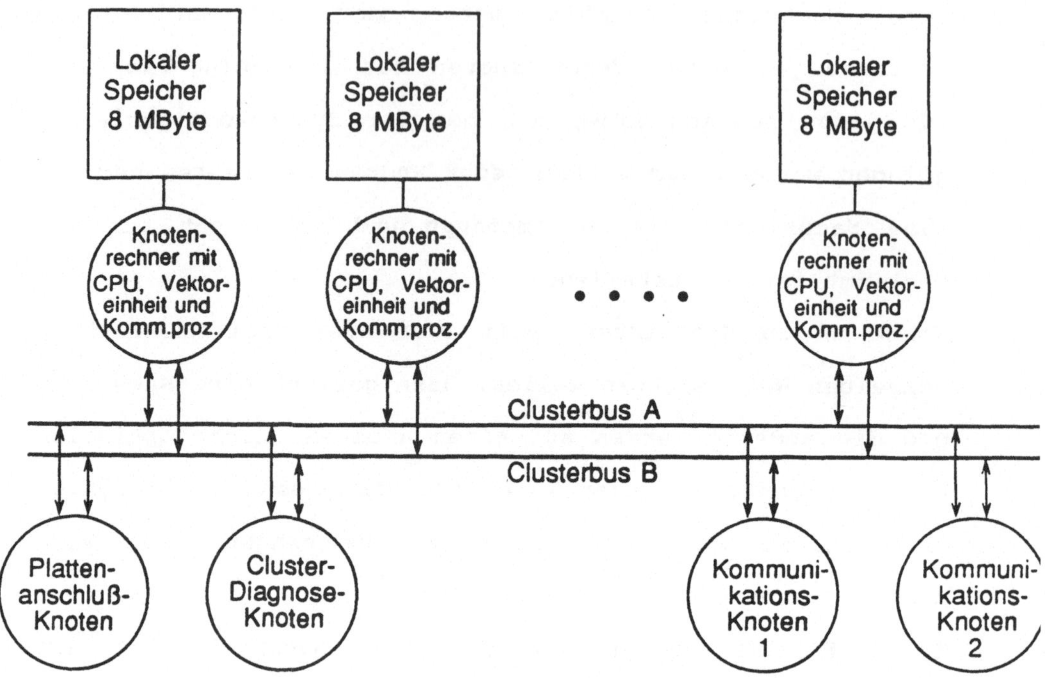

Bild 30

Für die _Kommunikation_ werden _Bussysteme_ eingesetzt.

Ein _lokaler Bus_, der 64-Bit-parallel arbeitet, doppelt ausgelegt ist und eine Leistung von 320 MByte/s hat, verbindet die Knotenrechner innerhalb eines Clusters.

16 solcher Cluster werden zweidimensional verbunden über ein serielles _SUPRENUMBUS_-System mit einer Leistung von 125 MBit/s. Diese Busse arbeiten auf der Grundlage von _Slotted-Ring-Protokollen_.

Den Aufbau des Gesamtsystems zeigt Bild 31:

SUPRENUM
01
CLUSTER
02
03
04
05
06
07
08
09
10
11
12
13
14
15
16
Frontend-Computer
Frontend-Computer
Frontend-Computer

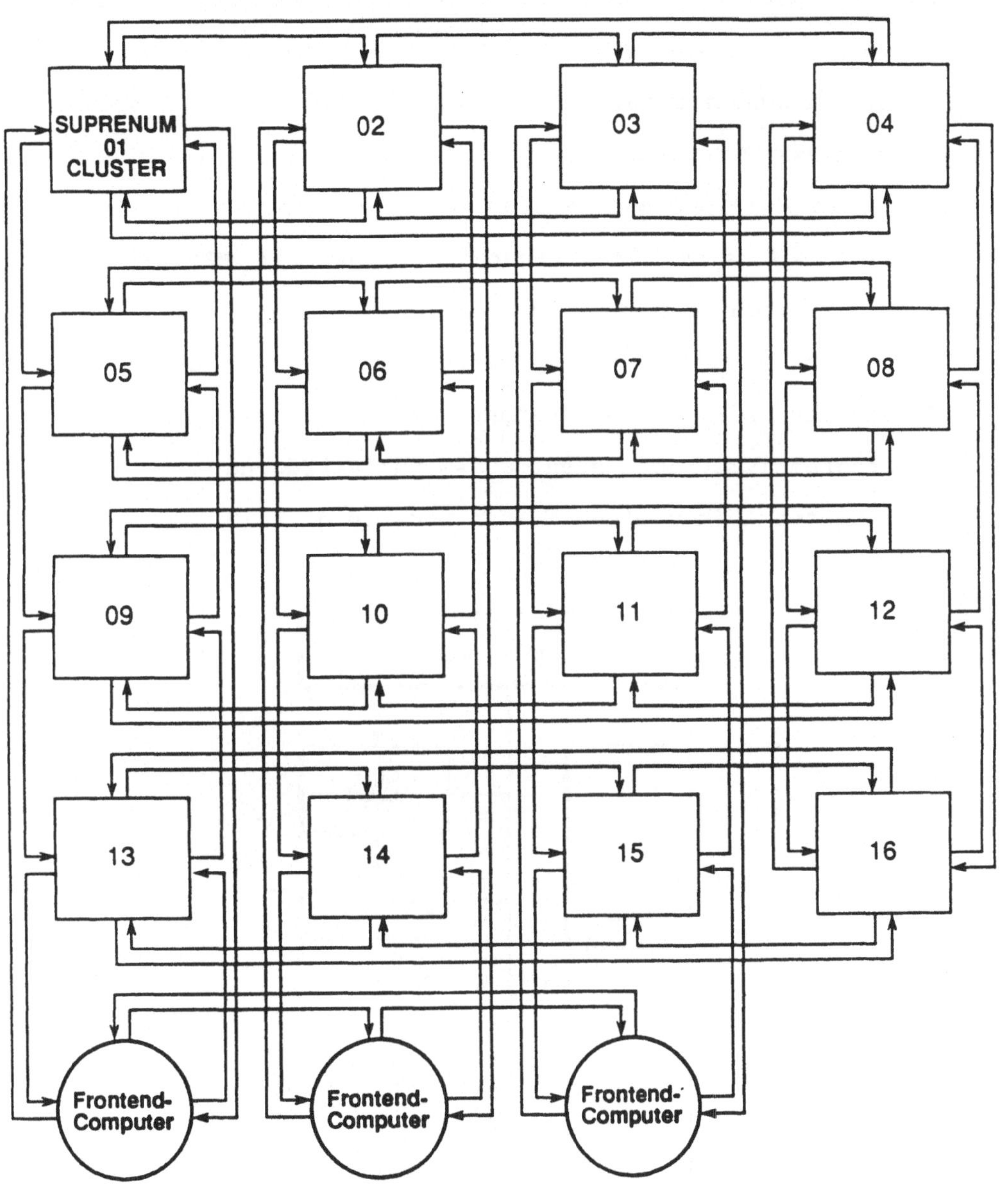

Bild 31

6.5 Transputer

Transputer unterscheiden sich von Mikroprozessoren dadurch, daß auf dem Chip neben der CPU und einem lokalen RAM-Speicher z. Zt. vier schnelle serielle Schnittstellen, sog. <u>Links</u>, vorhanden sind. Mit diesen Links ist eine Kopplung mit weiteren Transputern möglich, so daß sich auf einfache Weise ein Multiprozessorsystem aufbauen läßt. Diese Links arbeiten mit einer Übertragungsrate von 2,4 MByte/s und haben direkten Zugriff zum lokalen Speicher. Damit ist Kommunikation mit weiteren Transputern unabhängig von der CPU möglich. Die internen Datenpfade sind 32 Bits breit. Als Programmiersprache steht OCCAM zur Verfügung.

Den internen Aufbau eines Transputers zeigt Bild 32:

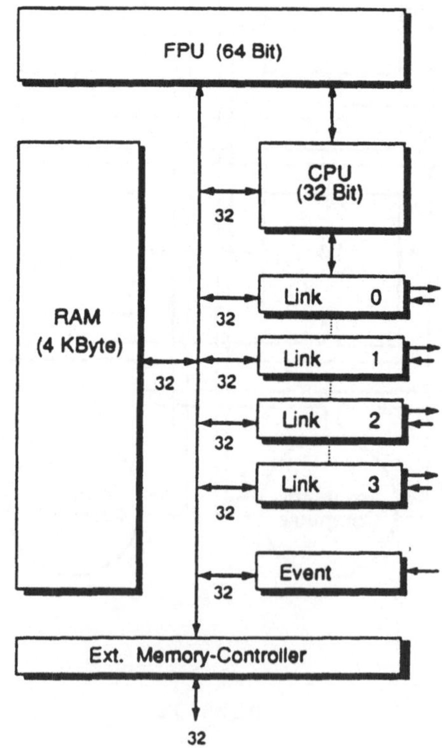

Bild 32

Ein Beispiel für den Aufbau von Multiprozessorsystemen mit Transputern ist die T-Serie <Floa86> von Floating-Point-Systems (FPS). In einem Grundmodul werden acht Transputer über ein Hypercube-Netzwerk (siehe Kapitel III) verbunden.

Durch die Erweiterung der Linkverbindungen durch Multiplexer auf jeweils 14 Kommunikationsverbindungen pro Transputer lassen sich theoretisch Systeme mit 2^{14} Transputern bauen. Die Kommunikation erfolgt hier über einen 14-dimensionalen Hypercube.

6.6 Weitere Systeme

Es gibt einen ganze Reihe weiterer Multiprozessorsysteme, sowohl im kommerziellen Bereich als auch im Bereich Forschung und Entwicklung. Sie unterscheiden sich von den bisher vorgestellten Systemen in der Art und Anzahl der Prozessoren und in der Kommunikation. Prinzipiell tauschen die Prozessoren aber Daten in einer der oben genannten Art und Weise aus. Deshalb soll an dieser Stelle auf weitere ausführliche Beispiele verzichtet werden. Es wird diesbezüglich auf die entsprechende Literatur in der Literaturliste und auf die Tabelle unter 1.4 verwiesen.

7. Zukunftsaussichten

Wir haben in diesem Kapitel gesehen, daß zur Leistungssteigerung von Rechnern Architekturfragen eine wichtige Rolle spielen.

Doch auch hinsichtlich der Technologie werden große Anstrengungen unternommen, um zum einen die Rechnerarchitekten beim Bau neuer Strukturen durch immer <u>mehr Leistung auf einem Chip</u> zu unterstützen, zum anderen durch den Einsatz <u>neuer Technologien</u> zur Leistungssteigerung beizutragen.

Eine höhere Leistung auf einem Chip erreicht man z.B. durch eine höhere Packungsdichte. Mittelfristig ist bei VLSI die 0.5 μ - Technologie zu erwarten. Auch der Übergang von zwei- zu dreidimensionaler Technologie wird eine Leistungssteigerung bringen <Rege87>.

Langfristig kann man jedoch eine weitaus höhere Leistungssteigerung erwarten, wenn man als Medium von der Elektronik zur Optik übergeht.

7.1 Der optische Computer

In den zurückliegenden Jahrzehnten fanden beim Bau von Computern ausschließlich elektrische und elektronische Bauteile, insbesondere Transistoren Verwendung. Die Schaltzeiten dieser Transistoren liegen in der Größenordnung von 1 Nanosekunde.

Durch die Verwendung eines optischen Transistors, eines sogenannten <u>Transphasors</u>, erreicht man Schaltzeiten, die tausendmal schneller sind. Ein weiterer Vorteil der Optik ist, daß sich Lichtbahnen kreuzen können, ohne sich gegenseitig zu beeinflussen und daß sehr viele Lichtbahnen auf kleinstem Raum parallel laufen können.

Der Transphasor arbeitet nach dem Prinzip des Fabry-Perot-Interferometers, dessen Funktionsweise in Bild 33 dargestellt ist.

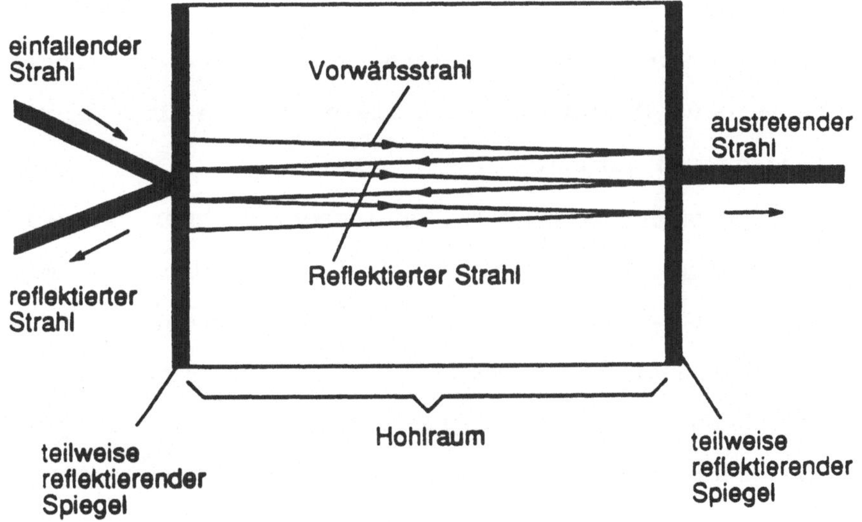

Bild 33

Das Interferometer besteht aus 2 parallelen, teilweise reflektierenden Glasscheiben mit transparentem Material dazwischen. Ein einfallender Lichtstrahl wird zum Teil von der ersten Scheibe reflektiert, zum Teil durchgelassen. Dasselbe gilt für die zweite Scheibe.

Die hin und her laufenden Strahlen im Interferometer können sich nun durch Interferenz auslöschen bzw. verstärken.

Verwendet man im Inneren des Interferometers ein Material mit nichtlinearem Brechungsindex, dann ändert sich der Brechungsindex mit der Intensität des einfallenden Lichts. Dies bedeutet, daß je nach Intensität Verstärkung bzw. Auslöschung durch Interferenz entsteht.

Durch die Nutzung dieses Effekts kann man jetzt <u>optische logische Gatter</u> bauen und diese zu optischen Schaltnetzen zusammensetzen.

Nichtlineare Elemente kann man auch zur Speicherung verwenden. Darauf soll an dieser Stelle aber nicht näher eingegangen werden.

<u>Verbindungsnetzwerke</u> in optischen Rechner werden durch <u>Hologramme</u> realisiert. Damit lassen sich alle möglichen Verbindungen von n zu m Punkten realisieren.

Auf dem Gebiet des optischen Rechners wird zur Zeit die Forschung stark intensiviert. Mit der Entwicklung weiterer optischer Rechnerkomponenten ist mittel- bis langfristig zu rechnen <Stuc89>.

III. Kommunikation in Parallelrechnerstrukturen

Wenn man die Leistungsangaben der Hersteller von
Parallelrechnern betrachtet, dann spielen normalerweise
immer nur Angaben hinsichtlich der Leistungsfähigkeit der
beteiligten Prozessoren eine Rolle. Es wird vollkommen
außer acht gelassen, daß bei vielen Anwendungen nicht die
numerische Rechenleistung im Vordergrund steht, sondern die
Fähigkeit, schnell Daten umzuordnen.
Beispiele hierfür sind das Transponieren von Matrizen, die
Berechnung der FFT oder Sortierverfahren.
Wir wollen in diesem Kapitel die verschiedenen Möglichkeiten der Kommunikation in Rechnern, die wir beispielhaft
bereits in Kapitel II kennengelernt haben, betrachten.
Dazu werden wir die Verbindungsstrukturen hinsichtlich
ihrer Topologie klassifizieren.

1. Begriffsbestimmung

Unter interner Kommunikation verstehen wir den Datenfluß
innerhalb einer zu betrachtenden Rechnerstruktur. Hierzu
zählen Verbindungen wie Prozessor - Prozessor, Prozessor -
Lokaler Speicher oder Prozessor - Globaler Speicher.
Die Verbindungen reichen von einfachen Punkt-zu-Punkt-
Verbindungen bis zu komplexen Netzwerken.
Für die Realisierung dieser Verbindungen hat man drei
Möglichkeiten:

- Direkte Kopplung

- Bussysteme

- Netzwerke

2. Direkte Kopplung

Bei der direkten Kopplung sind Prozessoren oder Speichermedien über fest verdrahtete Verbindungen zusammen-
geschaltet. Man unterscheidet hierbei drei verschiedene
Arten:

- Registerkopplung

- Speicherkopplung

- Kanalkopplung

2.1 Registerkopplung

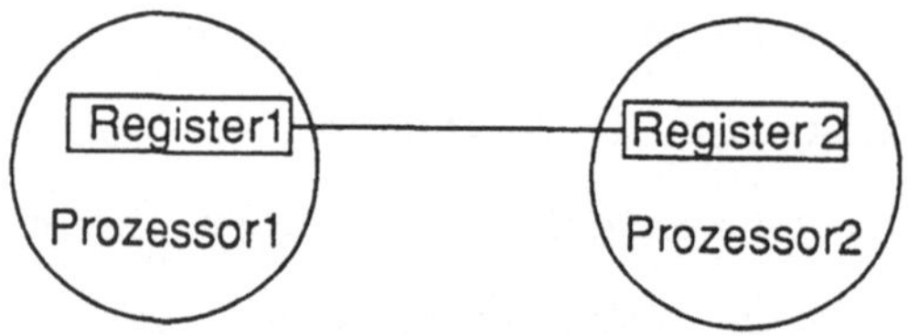

Bild 34

Bei der Registerkopplung werden die entsprechenden Register
zweier Prozessoren mit einer oder mehreren Leitungen
verbunden, über die der Inhalt der Register seriell oder
parallel übertragen wird.

Ein Vertreter diese Kopplungsart ist der DAP, wo der Datenaustausch einer Recheneinheit mit ihren Nachbarn über das
Q-Register geschieht. Da alle Register im DAP nur ein Bit
breit sind, wird hier pro Datenübertragung auch nur ein Bit
übertragen.

Die Registerkopplung insbesondere in ihrer parallelen Form
ist eine sehr schnelle Art der Datenübertragung. Allerdings
sind die Verbindungen fest verdrahtet, so daß diese Art der
Kopplung sehr unflexibel bei Veränderung der Topologie ist.

2.2 Speicherkopplung

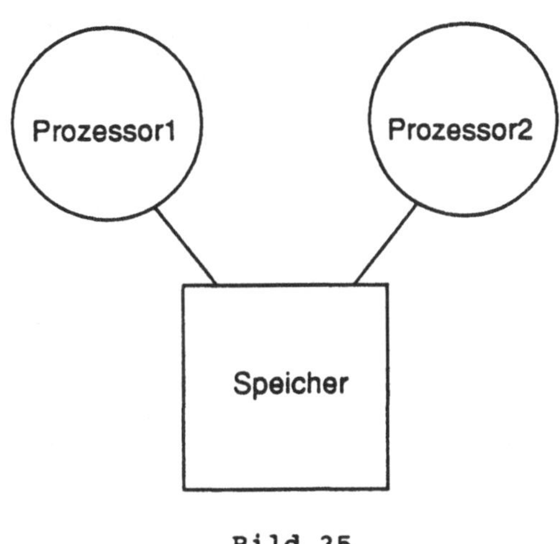

Bild 35

Bei der Speicherkopplung sind zwei oder mehr Prozessoren
über direkte Leitungen oder über Busse (siehe auch S. 92)
mit einem gemeinsamen Speicher verbunden. Beide Prozessoren
können lesend und schreibend auf den Speicher zugreifen. Es
müssen jedoch Vorkehrungen getroffen werden, um
Zugriffskonflikte zu vermeiden. Die Speicherkopplung ist
langsamer als die Registerkopplung. Sie ist aber auch
flexibler, da bei Verwendung von Multiportspeichern auch
mehrere Prozessoren über ein und denselben Speicher
kommunizieren können.
Speicherkopplung wurde bei EGPA und DIRMU eingesetzt.

2.3 Kanalkopplung

Bei der Kanalkopplung wird die Bearbeitung in einem Prozessor und die Kommunikation mit anderen Prozessoren getrennt. Das Kanalwerk ist ein eigener Prozessor mit direktem Zugriff zum Arbeitsspeicher.

Der Prozessor stößt die Kommunikation an, in dem dem Kanalwerk die Anfangsadresse und die Anzahl der zu übertragenden Daten mitgeteilt wird. Während bei Register- und Speicherkopplung die Kommunikation vom Prozessor gesteuert wird, läuft sie hier unabhängig vom verarbeitenden Prozessor ab. Damit kann der Prozessor während der Datenübertragung bereits wieder für Berechnungen genutzt werden. Da die Kommunikation zwischen Kanalwerken, die jeweils einen für Ein-/Ausgabe optimierten Prozessor enthalten, abläuft, ist die Geschwindigkeit der Datenübertragung sehr hoch.

Ein Beispiel hierfür ist die CD6600 von Control Data.

3. Bussysteme

Neben der direkten Kopplung von Prozessoren gibt es die Möglichkeit mehrere Prozessoren an ein gemeinsames Kommunikationsmedium anzuschließen. Man spricht dann von einem Bussystem. Ein Beispiel hierfür ist der bereits erwähnte SUPRENUM-Rechner, bei dem die Kommunikation über Busse realisiert wird.

Die Kommunikation über Busse ist zwar erheblich langsamer als die direkte Kopplung, aber auch sehr flexibel bei einer Änderung der Topologie. Das bedeutet, daß weitere Prozessoren sehr einfach in das bestehende System integriert werden können.

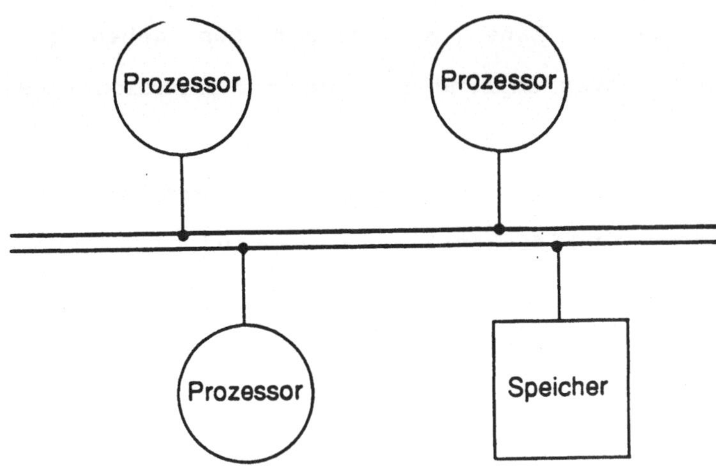

Bild 36

Busse lassen sich nach ihren Eigenschaften einteilen in

uni-/bidirektional   Datenübertragung in eine oder beide
                          Richtungen

bitseriell/-parallel   Datenübertragung über eine Leitung
                          seriell oder über mehrere Leitungen
                          parallel

Daten-/ Befehlsbus   Werden über einen Bus nur Daten über-
                          tragen, so spricht man von einem
                          Datenbus; werden nur Befehle
                          übertragen, so spricht man von einem
                          Befehlsbus.
                          Es gibt aber auch die Mischform, daß
                          sowohl Daten als auch Befehle über
                          denselben Bus übermittelt werden

Prozessoren, die an einen Bus angeschlossen sind, können entweder selbst Daten auf diesen Bus geben (Talker-Funktion), Daten empfangen (Listener-Funktion) oder eine Master-Funktion ausüben.

Für den Zugriff auf den Bus gibt es verschiedene Strategien, die Zugriffskonflikte erkennen bzw. verhindern sollen.

Als Verfahren kennt man beispielsweise <Tane81>

Time-shared   Jeder Teilnehmer bekommt eine gewisse
                  Zeitscheibe für den Zugriff

Token   Ein Token wandert im Bus von Teilnehmer zu
                  Teilnehmer. Der Besitzer des Token darf
                  auf dem Bus senden

Random Access   Diese auch Aloha-Verfahren genannte
                  Strategie erlaubt es einem Teilnehmer,
                  jederzeit auf den freien Bus zuzugreifen.
                  Um zu verhindern, daß zwei oder mehr Teil-
                  nehmer gleichzeitig senden, müssen jedoch
                  Sicherungen eingebaut werden, z.B. das
                  CSMA/CD-Verfahren (Carrier Sense Multiple
                  Access/Collision Detection).

4. Verbindungsnetzwerke

Die Kommunikation über Busse ist je nach verwendetem Übertragungsverfahren verhältnismäßig aufwendig zu handhaben und teilweise auch langsam. Bei enger Kopplung wählt man deshalb sehr häufig Verbindungsnetzwerke. Sie übernehmen das Routing der Daten und Befehle zwischen den angeschlossenen Teilnehmern. Dies können sowohl Prozessoren als auch Speichermedien sein.

Je nachdem ob die Pfade in Netzwerken starr oder veränderbar sind, spricht man von

- statischen Netzwerken bzw.
- dynamischen Netzwerken.

Wir wollen zunächst Verbindungsstrukturen betrachten, die durch Permutationen entstanden sind. Wir werden sehen, daß Permutationsnetzwerke, je nachdem wie sie realisiert werden, sowohl statisch als auch dynamisch sein können.

4.1 Permutationen

Eine Permutation von n Elementen ist eine Anordnung dieser n Elemente in einer bestimmten Reihenfolge. Es gibt n! verschiedene Permutationen von n Elementen.

Sei x eines dieser n Elemente und ($x_i, x_{i-1}, \ldots, x_0$) die Adresse von x in Binärdarstellung.

4.1.1 Exchange Permutation

Wir definieren die k-te Exchange Permutation wie folgt:

$$E_k(x) = (\ x_i, x_{i-1}, \ldots, \overline{x}_k, \ldots, x_0\ )$$

Das heißt, das k-te Bit in der Binärdarstellung von x wird invertiert.

Beispiel:

Betrachten wir 8 Elemente mit der Binärdarstellung

(0, 0, 0) bis (1, 1, 1).

Dann erhalten wir folgende Exchange Permutationen:

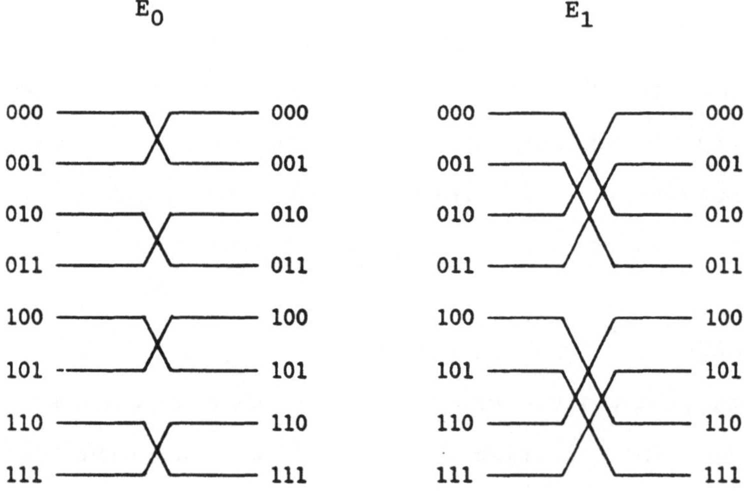

Bild 37

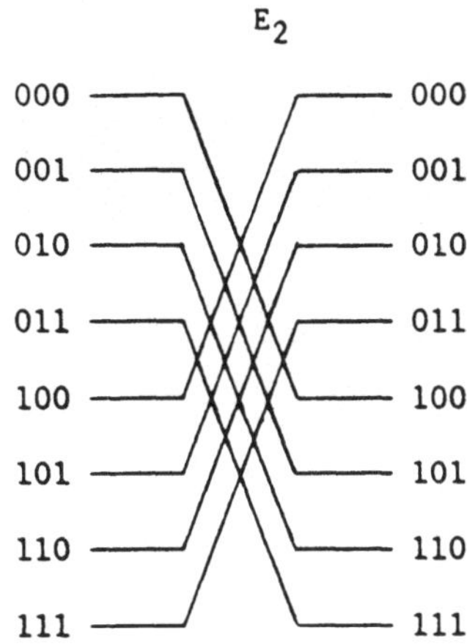

Bild 38

4.1.2 Perfect Shuffle Permutation

Der Begriff Perfect Shuffle kommt von der amerikanischen Art des Mischens bei Kartenspielen. Dabei werden die Karten in zwei Pakete geteilt und anschließend so zusammengemischt, daß abwechselnd aus jedem Stapel eine Karte hinzukommt. Dies läßt sich folgendermaßen definieren:

Bei der Perfect Shuffle Permutation wird die Binärdarstellung von x zyklisch um eine Stelle nach links geschoben.

$$PS(x) = (\ x_{i-1}, \ldots \ldots, x_0, x_i\ )$$

Beispiel:

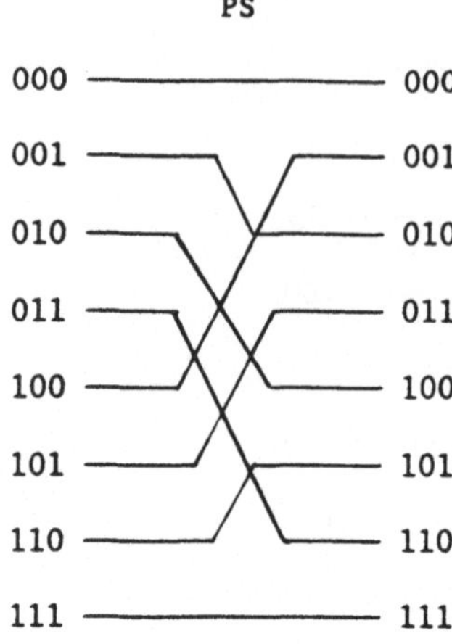

Bild 39

Wie man sieht, ist hier eine Verbindung nicht unter allen Elementen möglich, z.B. werden (0,0,0) und (1,1,1) auf sich selbst abgebildet.

4.1.3 Butterfly Permutation

Die Butterfly Permutation findet bei einer speziellen Methode zur Berechnung der FFT (Fast Fourier Transform) Anwendung. Dabei werden das niedrigst- und das höchstwertige Bit vertauscht.

$$B(x) = (\ x_0, x_{i-1}, \dots\dots, x_1, x_i\ )$$

Beispiel:

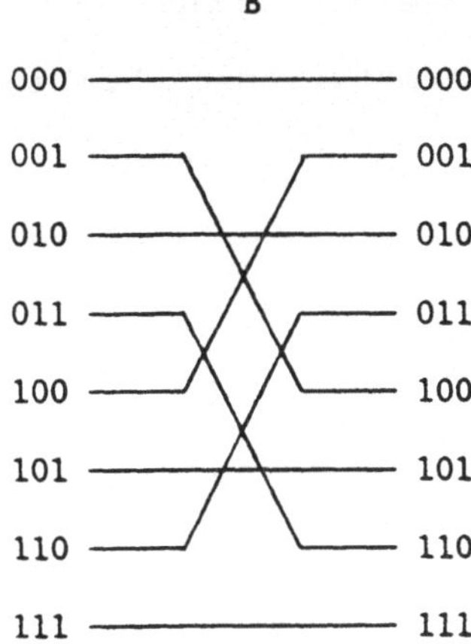

Bild 40

4.1.4 Bit reversed Permutation

Bei der Bit reversed Permutation wird die Binärdarstellung
von x umgedreht.

$$BR(x) = (x_0, x_1, \ldots\ldots\ldots, x_{i-1}, x_i)$$

Beispiel:

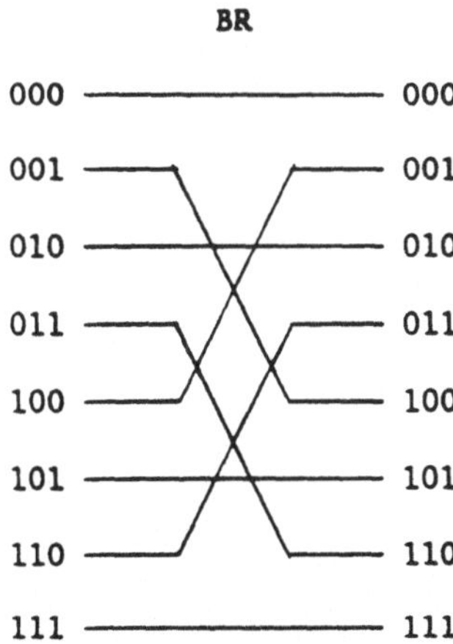

Bild 41

4.1.5 Shuffle Exchange Permutation

Während wir bisher nur einzelne Permutationen betrachtet haben, wollen wir nun Permutationen kombinieren, d.h. nacheinander ausführen. Das hat den Vorteil, daß gegenüber den Einzelpermutationen weitere Verbindungen realisiert werden können. Dies gilt insbesondere dann, wenn wir die Verbindungen nicht fest herstellen, sondern dynamisch halten. Darauf werden wir in Abschnitt 4.3 noch näher eingehen.

Aus der Nacheinanderausführung von $E_k(x)$ und $PS(x)$ erhalten wir die Shuffle Exchange Permutation $PSE_k(x)$.

Beispiel:

$$PSE_0 \text{ aus}$$

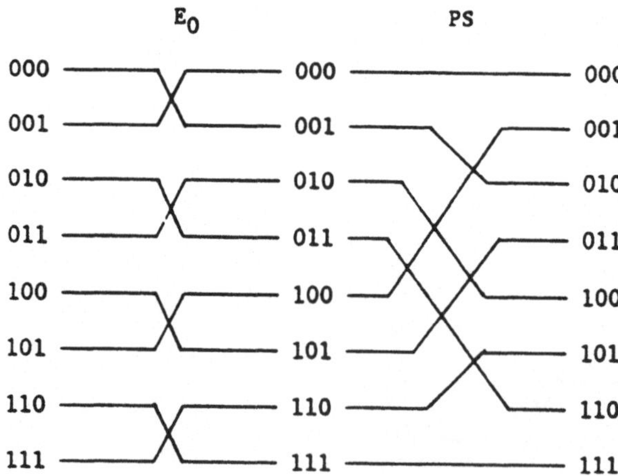

Bild 42

Wir haben damit die wichtigsten für Schaltnetze verwendeten Permutationen kennengelernt. Insgesamt gibt es, wie wir bereits festgestellt haben, n! verschiedene Permutationen. Für die in unserem Beispiel verwendeten 8 Elemente sind dies 40320 verschiedene Permutationen.

4.2 Statische Netzwerke

Verbindet man die einzelnen Komponenten (Prozessoren, Speichermedien) eines Rechners nach einem fest vorgegeben Schema, dann erhält man statische Netzwerke. Solche statischen Netzwerke lassen sich mit den in 4.1 dargestellten Permutationen realisieren.

Wichtig ist, daß bei allen statischen Netzwerken nach <u>einer</u> Transportzeit ein neuer Teilnehmer in der Verbindungsstruktur erreicht wird.

Als Beispiel hier die Verbindungsstruktur von 8 Prozessoren durch ein Exchange Netzwerk (siehe 4.1.1).

$$P_0 \Longleftrightarrow P_1 \quad P_2 \Longleftrightarrow P_3 \quad P_4 \Longleftrightarrow P_5 \quad P_6 \Longleftrightarrow P_7$$

Bild 43

Neben den Permutationsnetzwerken gibt es aber eine ganze Reihe anderer statischer Netzwerke.

4.2.1 Ringstruktur

$$P_0 - P_1 - P_2 - P_3 - P_4 - P_5 - P_6 - P_7$$

Bild 44

Diese Verbindungen können uni- oder bidirektional sein. Je nachdem sind Datentransporte in nur eine oder in beide Richtungen möglich. Beispiele hierfür sind der Token-Ring von IBM und SUPRENUM.

4.2.2 Feldstruktur (Mesh-Connection)

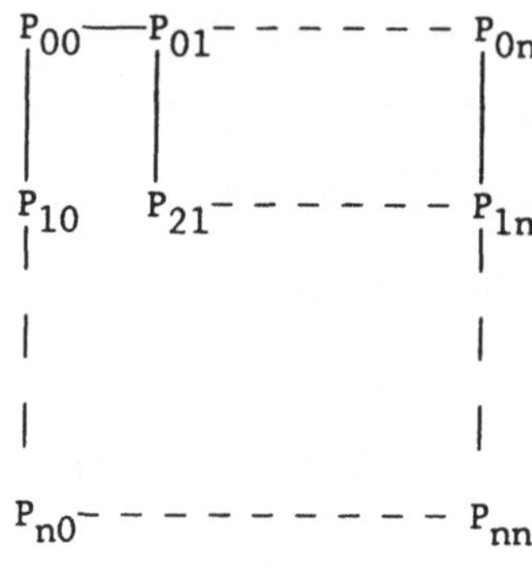

Bild 45

Ein Beispiel für die Feldstruktur ist das Verbindungsnetz des DAP.

Bild 45 zeigt eine _offene_ Feldstruktur. Verbindet man an den Ränder die jeweils gegenüber liegenden Prozessoren, dann erhält man einen Torus und spricht von einer _geschlossenen_ Struktur.

4.2.3 Würfelstrukturen (Cube-connection)

Betrachten wir $N=2^n$ Prozessoren. Wir erhalten dann eine n-dimensionale Würfelstruktur, wenn wir jeden Prozessoren mit jenen Nachbarn verbinden, deren Binäradresse sich in genau einem Bit von der Binäradresse des betrachteten Prozessors unterscheidet.

Jeder Prozessor hat dann genau n Verbindungen. Man spricht
in diesem Fall von einem n-dimensionalen <u>Hypercube.</u>
Für n=3 zeigt das folgende Bild die Verbindungsstruktur.

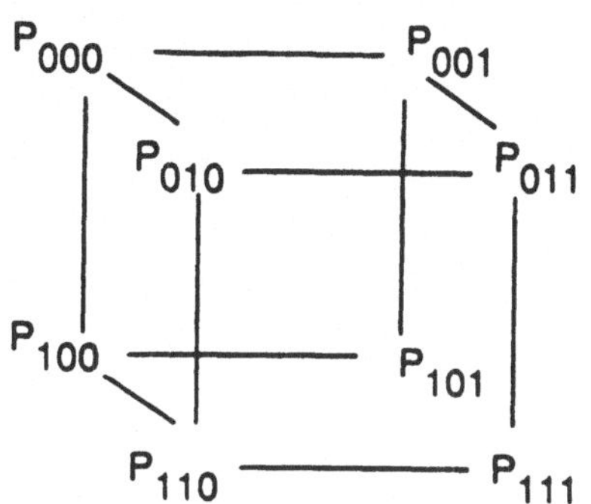

Bild 46

Mit zunehmendem n wächst auch die Anzahl der Verbindungen
pro Prozessor. Dadurch ist zwar eine schnelle Kommunikation
mit den direkten Nachbarn möglich, allerdings wirkt sich
bei einer Realisierung dieser Struktur mit VLSI-Technologie
negativ aus, daß durch die Pinbeschränkung nur eine gewisse
Anzahl von Verbindungen nach außen geführt werden kann.
Ein Beispiel hierfür ist die Connection Machine oder der
Cosmic Cube.

<u>4.2.4 Cube-connected Cycle (CCC)</u>

Mit dieser aus dem Hypercube abgeleiteten Verbindungsstruktur erreicht man, daß die Anzahl der Verbindungen pro
Prozessor konstant bleibt. Dabei ersetzt man im Hypercube
einen einzelnen Prozessor durch eine Gruppe von n
Prozessoren. Die Prozessoren einer Gruppe sind
untereinander ringförmig verbunden und jeder Prozessor hat
jeweils eine Verbindung zur entsprechenden Nachbargruppe.

Dadurch hat jeder Prozessor unabhängig von n genau drei Verbindungen. Man verbindet auf diese Weise insgesamt $N = n*2^n$ Prozessoren miteinander. Für n=4 zeigt das folgende Bild die Struktur.

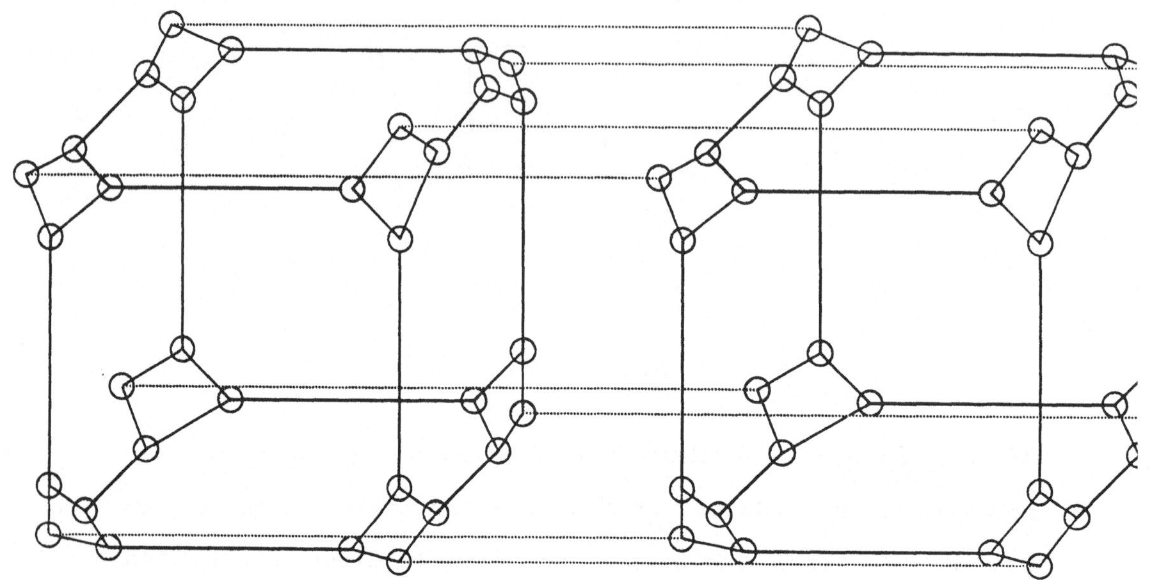

Bild 47

4.2.5 Baum

Ein Verbindungsnetzwerk in Form eines Baumes kann als allgemeiner Baum oder als Binärbaum realisiert werden. Das folgende Bild zeigt die Vernetzung als Binärbaum.

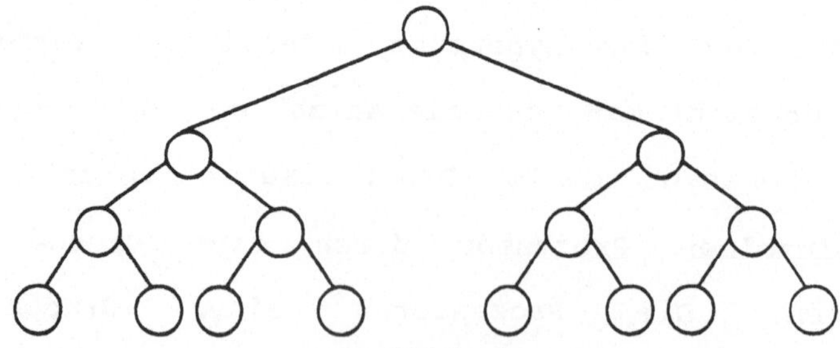

Bild 48

Ein Beispiel hierfür ist das DADO-Multiprozessorsystem.

4.2.6 Modifikationen

Neben diesen Grundformen für statische Netze gibt es noch Modifikationen, wie z.B. den von den Bäumen abgeleiteten Hyberbaum bzw. <u>Multibaum</u> <Agra86>. Bei diesen beiden Netzstrukturen werden zusätzliche Querverbindungen eingeführt. Vom Hypercube abgeleitet wird das <u>Alpha-Netz</u> <Bhuy82>. Hier werden zusätzliche Verbindungen an den Randknoten eingeführt.

4.3 Dynamische Netzwerke

In dynamische Netzwerken sind statt starren Verbindungen Schalter integriert, die durch entsprechende Schaltimpulse eingestellt werden und so die gewünschten Verbindungen herstellen. Hat man nur eine Schaltstufe im Netz, dann handelt es sich um einstufige Netze. Die Kommunikation über einstufige Netze ist sehr schnell, da nur eine Schaltstufe durchlaufen wird. Bei einer großen Anzahl von angeschlossenen Teilnehmern sind solche Netzwerke jedoch technisch sehr aufwendig und teuer. Bei der Hintereinanderschaltung von zwei oder mehreren Schaltern spricht man von mehrstufigen Netzen. Sie lassen sich kostengünstig und technisch mit wenig Aufwand realisieren. Werden die Verbindungen fest durchgeschaltet, dann erhält man dieselben Kommunikationszeiten wie bei einstufigen Netzen. Bei Paketvermittlung muß man in mehrstufigen Netzen durch die notwendigen Schaltoperationen in jeder Schaltstufe eine Geschwindigkeitseinbuße bei der Kommunikation hinnehmen.

4.3.1 Einstufige, dynamische Netzwerke

Das bekannteste Beispiel ist der Kreuzschienenverteiler (Crossbar switch). Beim Kreuzschienenverteiler werden n Eingänge mit n Ausgängen verbunden. Dabei ist jeder Kreuzungspunkt ein Schalter, der entsprechend eingestellt wird. Insgesamt braucht man n^2 Schalter. Damit lassen sich alle möglichen n! Permutationen schalten. Im folgenden Bild ist für n=8 die Perfect Shuffle Permutation geschaltet.

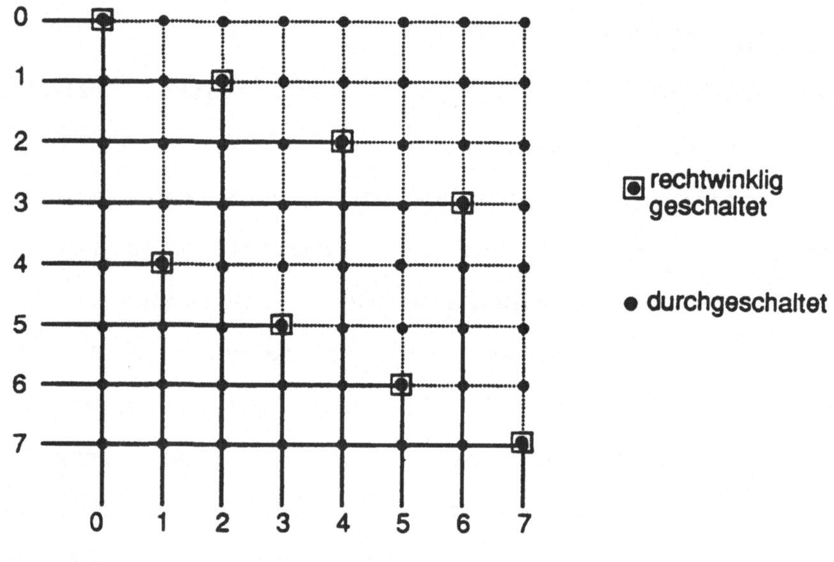

Bild 49

Der Nachteil des Kreuzschienenverteilers sind die hohen Kosten bei größer werdendem n.

Das Verbindungsnetzwerk des BSP ist ein Beispiel für die Verwendung des Kreuzschienenverteilers (Kap. II, 5.2.3.3).

Alle weiteren einstufigen, dynamischen Netze sind Modifikationen des Kreuzschienenverteilers. So kann die Anzahl der Eingänge ungleich der Anzahl der Ausgänge sein, es können Schalter an Kreuzungspunkten zugelassen werden, die ankommende Nachrichten in 2 Richtungen weiterleiten (Expansion) bzw. 2 ankommende Nachrichten in eine Richtung weiterleitet (Konzentration).

4.3.2 Mehrstufige, dynamische Netzwerke

Um trotz der hohen Kosten solche universellen Verbindungen wie den Kreuzschienenverteiler bei großem n mit vertretbarem Aufwand herstellen zu können, geht man von einstufigen zu mehrstufigen Netzwerken über.

Dies bedeutet, daß man mehrere kleinere Netzwerke (z.B. Kreuzschienenverteiler) hintereinander schaltet.

So hat Benes 1962 <Bene62> gezeigt, daß man einen Kreuzschienenverteiler mit n Ein- bzw. Ausgängen ersetzen kann durch zwei Kreuzschienenverteiler mit n/2 Ein-/Ausgängen und zwei Exchange-Netzwerke.

Ein Benes-Netzwerk wird im GF11-Rechner von IBM verwendet. Dabei werden Kreuzschienenverteiler mit 24 Ein-/Ausgängen entsprechend verschaltet. Teilweise wird hier auch von einem Clos-Netzwerk gesprochen. Clos-Netzwerke <Clos53> sind eine Obermenge der Benes-Netzwerke, da hier auch Kreuzschienenverteiler mit einer unterschiedlichen Anzahl von Ein- und Ausgängen zugelassen sind.

4.3.2.1 Binäres Benes-Netzwerk

Der Ausdruck "Binäres Netzwerk" kommt daher, daß beim Entwurf nur Kreuzschienenverteiler mit 2 Ein-/Ausgängen verwendet werden. Benes hat gezeigt <Bene65>, daß man bei n Ein-/ Ausgängen insgesamt (n*ld(n) - n/2) Kreuzschienenverteiler braucht. Damit ergibt sich die Anzahl der Stufen im Netzwerk zu

$$(n*ld(n) - n/2)/(n/2) = 2*ld(n) - 1.$$

Das binäre Benes-Netzwerk ist universell, d.h. es lassen sich alle n! Permutationen schalten.

Das folgende Beispiel zeigt das binäre Benes-Netzwerk für n = 8. Man erhält 2*ld(8)-1 = 5 Stufen.

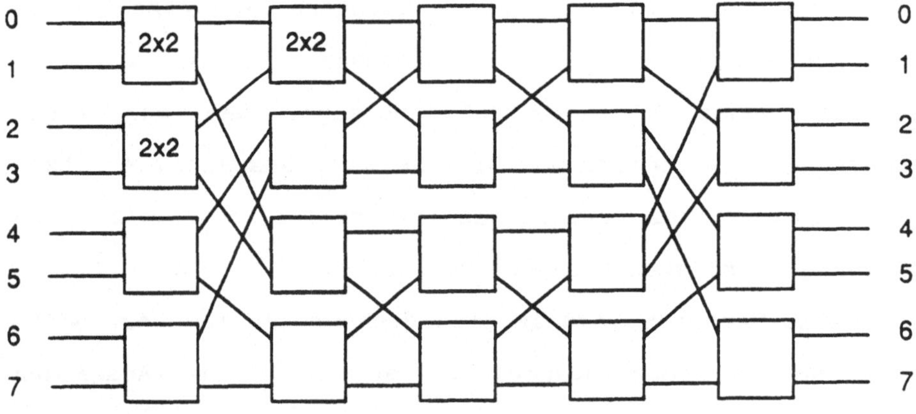

Bild 50

4.3.2.2 Omega-Netzwerk

Das Omega-Netzwerk <Lawr75> ist eine Realisierung der Perfect-Shuffle-Permutation. Bei $n = 2^m$ Ein-/Ausgängen hat es $ld(n) = m$ Stufen. Die einzelnen Stufen sind untereinander nach dem Prinzip des Perfect-Shuffle verbunden. Durch diesen regelmäßigen Aufbau genügt es bei der Realisierung nur eine Schaltstufe zu bauen, die dann m-mal durchlaufen wird. Es ist kein universelles Netzwerk, da sich nicht alle n! Permutationen schalten lassen. Es ist jedoch möglich, jeden beliebigen Eingang mit jedem Ausgang zu verbinden. Dabei ist die Wegesuche sehr einfach zu realisieren. Ausschlaggebend für die Schaltung der 2 x 2 - Kreuzschienenverteiler ist die Zieladresse des Ausgangs in binärer Form. Dabei wird in Schaltstufe k der obere Ausgang der Kreuzschienenverteiler geschaltet, wenn die entsprechende Binärstelle k (von links nach rechts numeriert) einer 0 entspricht, der untere Ausgang bei einer 1.

Bild 51 zeigt ein Omega-Netzwerk mit 8 Ein-/ Ausgängen. Dabei ist vom Eingang 0 auf den Ausgang 3 (011_2) durchgeschaltet.

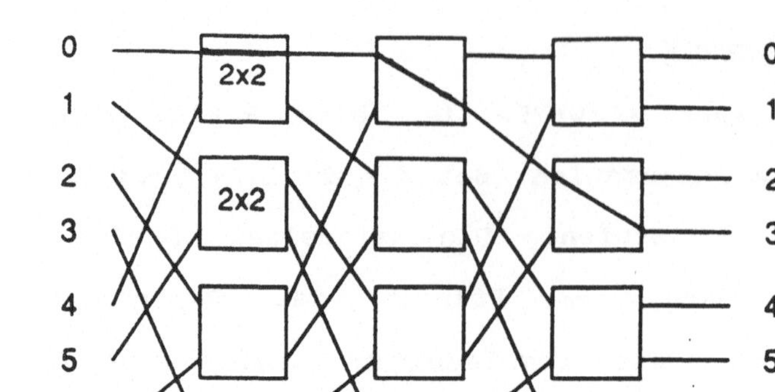

Bild 51

Das Omega-Netzwerk findet Anwendung beim Cedar-Rechner.

4.3.2.3 Binäres n-cube Netzwerk

Bei diesem Netzwerk <Peas77> haben wird für $n = 2^m$ Ein-/Ausgänge auch hier $ld(n) = m$ Stufen. Auch dieses Netzwerk ist nicht universell. Im Unterschied zum Omega-Netzwerk sind die einzelnen Stufen im Sinne der Butterfly-Permutation verschaltet. An die letzte Stufe wird dann noch eine invertierte Shuffle-Permutation (Unshuffle) angehängt. Bei der Realisierung müssen wegen der unregelmäßigen Struktur alle Schaltstufen tatsächlich gebaut werden. Zur Wegesuche werden die Start- und Zieladresse verglichen. Unterscheiden sich Start- und Zieladresse im k-ten Bit (von rechts nach links numeriert), dann werden in der k-ten Stufe die Kreuzschienenverteiler über Kreuz geschaltet. Sind die Bitstellen gleich, dann wird durchgeschaltet. Dieses Netzwerk realisiert die Wegesuche im Hypercube.

Bild 52 zeigt das Netzwerk für $n = 8$ mit einer Verbindung des Eingangs 5 (101) mit dem Ausgang 0 (000).

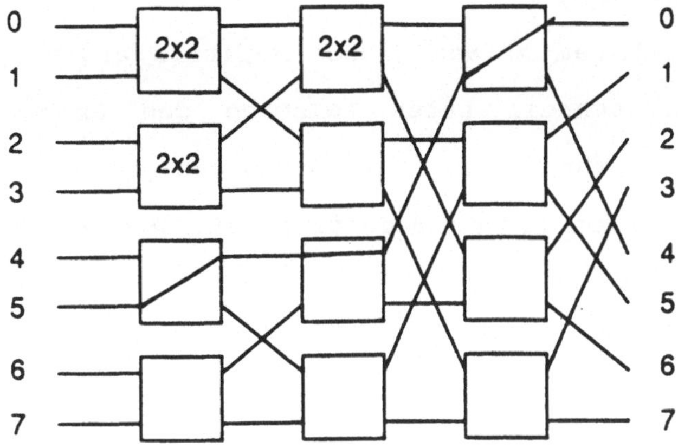

Bild 52

4.3.2.4 Banyan-Netzwerk

Das Banyan-Netzwerk <Goke73> ist bezüglich der Verschaltung
der einzelnen Stufen identisch mit dem binären n-cube
Netzwerk. Dabei entfällt jedoch die letzte Unshuffle-
Permutation. Es findet beim RP3 von IBM Anwendung.

Neben diesen hier beschriebenen Netzwerken gibt es noch
eine Reihe weiterer Netze, wie das Waksman-Netz <Waks68>,
die Joel-Netze <Joel68>, das Flip-Netz <Batc76> , das
Baseline-Netz <Wu80> oder die Delta-Netze <Pate81>. Sie
sind alle aus Kreuzschienenverteiler mit 2 Ein-/Ausgängen
aufgebaut und weichen in ihrer Struktur nur geringfügig von
den hier ausführlich besprochenen Netzen ab. Es sei deshalb
an dieser Stelle auf die angegebene Literatur verwiesen.

5. Kommunikationsbeispiele

Wir haben bereits am Anfang dieses Kapitels erwähnt, daß die Fähigkeit, schnell Daten zwischen den Prozessoren auszutauschen, für die Leistungsfähigkeit eines Parallelrechners von großer Bedeutung ist. Wir wollen uns an 3 Beispielen

- DAP für direkte Kopplung

- SUPRENUM für Buskopplung

- Connection Machine für Netzwerkkopplung

die unterschiedliche Kommunikation verdeutlichen.

In Erlangen sind zahlreiche Untersuchungen zur Kommunikation in neuartigen Rechenstrukturen gemacht worden. Wir werden deshalb am Beispiel des DAP die Datentransporte sehr ausführlich betrachten, um auf die Möglichkeiten und Probleme der Kommunikation hinzuweisen. Die beiden sich daran anschließenden Beispiele sollen dann kurz die Unterschiede bei der Kommunikation über Busse bzw. Netzwerke erläutern.

5.1 Direkte Kopplung

Im DAP ist jede ALU mit ihren 4 Nachbarn im Norden, Süden, Westen und Osten verbunden. Es gibt keine diagonalen Verbindungen (NEWS-Netzwerk, siehe Kapitel II).

Bezieht man noch den Speicher in die Überlegungen mit ein, dann bekommt man eine dreidimensionale Struktur, in der jede ALU Verbindungen zu seinen Nachbarn und zum eigenen Speicher hat.

Wir wollen im folgenden grundsätzliche Betrachtungen anstellen, welche Datentransporte möglich sind und welchen Zeitbedarf sie haben.

5.1.1 Abbildungsvektor

Um den <u>dreidimensionalen Datentransport</u> überschaubarer zu machen, werden wir als erstes einen eindimensionalen Abbildungsvektor der Daten auf den Speicher definieren und später nur noch mit diesem Vektor arbeiten.

Betrachten wir zunächst den Speicher. Er besteht aus 32 Zeilen x 32 Spalten x 2^d Ebenen, wobei d vom Ausbau des Speichers abhängt. Eine <u>binäre Speicheradresse</u> läßt sich nun wie folgt unterteilen:

$$....... 12\ 11\ 10\ /\ 9\ 8\ 7\ 6\ 5\ /\ 4\ 3\ 2\ 1\ 0$$

Dabei geben die <u>Bitpositionen</u>

     0 - 4   die Zeile,

     5 - 9   die Spalte und

     10 -   die Speicherebene

an.

Für ein zweidimensionales <u>Datenfeld</u> mit Kantenlänge 2^l bzw. 2^m und einer Datenlänge von 2^b Bit läßt sich für jedes Bit in diesem Feld eine (l + m + b) - lange Datenadresse angeben.

Dabei geben die <u>Bitnummern</u>

     0 bis (b - 1)   die Bitadresse,

     b bis (b + l - 1) die Zeilenadresse und

     (b + l) bis (b + l + m - 1) die Spaltenadresse

an.

Wir bilden nun auf ein-eindeutige Weise die Bitnummern auf die Bitpositionen ab und erhalten dadurch den Abbildungsvektor. Die Abbildung der Bitnummer i auf die Bitposition k gibt an, daß das Bit k der Speicheradresse dem Bit i der Datenadresse entspricht. Betrachten wir den Abbildungsvektor für ein Datenfeld mit 32^2 Elementen mit jeweils 32 Bit Länge, das vertikal im Speicher abgelegt ist (Matrixmodus).

Wir erhalten dann den Abbildungsvektor

Bitnummern i

(4   3   2   1   0 / 14 13 12 11 10 / 9 8 7 6 5)
14 13 12 11 10   9   8   7   6   5   4 3 2 1 0

Bitpositionen j

Dieser Abbildungsvektor beinhaltet, daß

die Bits 5 - 9 der Datenadresse (Zeilen) auf eine Zeile im Speicher,

die Bits 10 - 14 der Datenadresse (Spalten) auf eine Spalte im Speicher und

die Bits 0 - 4 der Datenadresse (32 Bit Datum) auf die Ebenen im Speicher abgebildet werden.

Dies entspricht genau der vertikalen Datenablage.

Die Überführung von einer Abbildung in eine andere, die Kommunikation, können wir jetzt durch die Umformung des Abbildungsvektors beschreiben.

5.1.2 Datentransport

Den Datentransport kann man nun ein-, zwei- und dreidimensional betrachten. Dabei lassen sich am DAP einige wenige Grundoperationen herausarbeiten, die wir im folgenden genauer untersuchen werden <Flan80>, <Hart86>, <Erha90>.

5.1.2.1 Invertieren

Invertiert man im Abbildungsvektor eine Bitstelle, so entspricht dies einem Datentransport entlang der entsprechenden Speicherdimension.

Invertiert man eine der Bitpositionen 0 - 4, so werden die Daten entlang der Spalten transportiert, bei Position 5 - 9 entlang der Zeilen und ab Position 10 entlang des Speichers.

Beispiel:
Wir invertieren im Abbildungsvektor die Bitposition 2.

$$(\ 4 \ 3 \ 2 \ 1 \ 0 \ / \ 14 \ 14 \ 12 \ 11 \ 10 \ / \ 9 \ 8 \ \overline{7} \ 6 \ 5 \ )$$

Dies bedeutet, daß sich in der Adresse nur der Teil ändert, der sich auf die Zeilen bezieht, d.h. der Datentransport wird entlang der Spalten ausgeführt.
Es wird wie folgt umgeordnet:

Ebene/Spalte	Zeile							Ebene/Sp.	Zeile					
......	0	0	0	0	0	(0)	<==>	......	0	0	1	0	0	(4)
......	0	0	0	0	1	(1)	<==>	......	0	0	1	0	1	(5)
.....	0	0	0	1	0	(2)	<==>	....	0	0	1	1	0	(6)
......	0	0	0	1	1	(3)	<==>	....	0	0	1	1	1	(7)

usw.

Bild 53

Dieser Datentransport gilt für alle Ebenen/Spalten. Wir definieren jetzt die Funktion s(b). s(b) gibt die Anzahl der Bits an, um die jedes Datum verschoben werden muß. b ist dabei die Bitposition des invertierten Bits.

$$s(b) = \begin{cases} 2^b & \text{für } 0 \leq b \leq 4 \\ 2^{b-5} & \text{für } 5 \leq b \leq 9 \\ 2^{b-10} & \text{für } 10 \leq b \end{cases}$$

Mit Hilfe der Funktion s(b) läßt sich auch der Aufwand für den Datentransport abschätzen.

Ist $b \geq 10$, so werden ganze Ebenen vertauscht. Da im DAP jede Ebene adressierbar ist, entspricht dies einem Lese-/Schreibzyklus pro Ebene. Der Aufwand ist damit 2 Zyklen/Ebene.

Ist $b \leq 9$ müssen die Bits im Prozessornetzwerk um s(b) Stellen in beide Richtungen (hin und zurück) geschoben werden. Der Aufwand ist dann 2 * s(b) Zyklen/Ebene.

Im Fall b = 4 und b = 9 läßt sich ausnutzen, daß die Prozessoren an den Rändern zyklisch verbunden sind, der Aufwand reduziert sich hier auf s(b) Zyklen/Ebene.

5.1.2.2 Vertauschen von Bitnummern

Werden zwei Bitpositionen im Abbildungsvektor getauscht, so ist der Datentransport abhängig davon, ob die Bitpositionen derselben Dimension oder verschiedenen Dimensionen angehören. Wir unterscheiden daher

- Kollineares Vertauschen

- Orthogonal-Planares Vertauschen

- Planar-Vertikales Vertauschen

- Ebenentausch.

5.1.2.2.1 Kollineares Vertauschen

Gehören die Bitpositionen derselben Dimension an, so spricht man von kollinearem Datenaustausch. Die Daten werden dann nur entlang von Spalten oder Zeilen transportiert bzw. es werden ganze Ebenen vertauscht.

Seien b_1 und b_2 die zu tauschenden Bitpositionen. Dann ist sofort einsichtig, daß nur dort ein Datenaustausch stattfindet, wo gilt $val(b_1) \neq val(b_2)$. Dabei ist $val(b_i)$ der Wert des Bits auf Bitposition b_i. Bei $val(b_1) = val(b_2)$ findet kein Datentransport statt.

Beispiel:

Sei $b_1=1$ und $b_2=3$, d.h. es sind Bitpositionen gewählt, die Zeilen im Abbildungsvektor betreffen. Der Datentransport wird damit entlang der Spalten ausgeführt.

Es wird wie folgt umgeordnet:

Ebene/Spalte Zeile								Ebene/Sp.	Zeile						
....	0	0	0	1	0	(2)	<==>	....	0	1	0	0	0	(8)
....	0	0	0	1	1	(3)	<==>	....	0	1	0	0	1	(9)
....	0	0	1	1	0	(6)	<==>	....	0	1	1	0	0	(12)
....	0	0	1	1	1	(7)	<==>	....	0	1	1	0	1	(13)
....	1	0	0	1	0	(18)	<==>	....	1	1	0	0	0	(24)
....	1	0	0	1	1	(19)	<==>	....	1	1	0	0	1	(25)
....	1	0	1	1	0	(22)	<==>	....	1	1	1	0	0	(28)
....	1	0	1	1	1	(23)	<==>	....	1	1	1	0	1	(29)

Bild 54

Die zu vertauschenden Daten haben dabei den Abstand

$$s(b_2) - s(b_1).$$

Der Aufwand für den Datentransport beträgt demnach

$$2*(s(b_2)-s(b_1)) \text{ Zyklen/Ebene.}$$

Im Fall, daß b_1 und b_2 beide größer als 9 sind, ist der Aufwand 2 Zyklen/Ebene.

Diesen Aufwand kann man vermindern, wenn man eine spezielle Technik, die sog. <u>Shift and merge-Methode</u> anwendet. Hierbei werden die Ebenen nicht einzelnen verschoben sondern zwei Ebenen gleichzeitig.

Der Ablauf sieht folgendermaßen aus:

1) Verschiebe Ebene I um $s(b_1)$ Stellen nach links

2) Nimm Elemente aus Ebene II hinzu

3) Verschiebe um $s(b_2) - 2*s(b_1)$ nach links

4) Maskiertes Schreiben nach Ebene I

5) Verschiebe um $s(b_1)$ Stellen nach links

6) Maskiertes Schreiben nach Ebene II

Das Schieben nach rechts wird analog ausgeführt. Der Aufwand beträgt jetzt nur noch $s(b_2)$ Zyklen/Ebene. Bei der Implementierung fällt hier zusätzlicher Aufwand für die Maskenbildung usw. an.

5.1.2.2.2 Orthogonal-Planares Vertauschen

Betrachten wir jetzt Bitpositionen b_1 und b_2, die den orthogonalen Dimensionen innerhalb einer Speicherebene angehören, d.h. es gilt $0 \leq b_1 \leq 4$ und $5 \leq b_2 \leq 9$.

Es werden dadurch Rechtecke der Größe $s(b_1)*s(b_2)$ schachbrettartig innerhalb der Prozessorebene vertauscht.

Der Aufwand für den Datentransport beträgt in diesem Fall $2*(s(b_1)+s(b_2))$ Zyklen/Ebene. Der Einsatz einer modifizierten Shift and Merge-Methode führt auch hier zu Einsparungen.

5.1.2.2.3 Planar-vertikales Vertauschen

Gehört eine der Bitpositionen zur senkrechten Dimension, d.h. $b_1 \geq 10$ und die andere Bitposition zu einer Dimension in der Ebene, d.h. $b_2 \leq 9$, dann werden ähnlich wie beim orthogonal-planaren Vertauschen Rechtecke ausgetauscht, die sich hier aber über mehrere Ebenen erstrecken, aber nur eine Zeile oder eine Spalte betreffen.

Da jede Ebene adressiert werden kann, müssen nur in der Prozessorebene die Verschiebeoperationen ausgeführt werden. Der theoretische Aufwand reduziert sich dabei auf $s(b_2)$ Zyklen/Ebene.

5.1.2.2.4 Ebenentausch

Gilt für die beiden Bitpositionen b_1 und b_2, daß sie größer oder gleich 10 sind, dann werden lediglich ganze Ebenen vertauscht. Der Aufwand hierfür beträgt 2 Zyklen/Ebene.

5.1.3 Anwendungsbeispiele

Um das Verständnis für die Datenanordnung und -transporte und ihre Beschreibung durch Abbildungsvektoren zu vertiefen, wollen wir verschiedene Datenanordnungen einer Matrix und die dazugehörigen Vektoren betrachten. Alle Daten sind dabei, wenn nicht ausdrücklich anders angegeben, vertikal im Speicher abgelegt.

Normale Ablage   (4 3 2 1 0 / 14 13 12 11 10 / 9 8 7 6 5)

Transponiert   (4 3 2 1 0 / 9 8 7 6 5 / 14 13 12 11 10)

Zeilen "reversed"(4 3 2 1 0 / 14 13 12 11 10 / $\overline{9}$ $\overline{8}$ $\overline{7}$ $\overline{6}$ $\overline{5}$)

Um 90 Grad im

Uhrzeigersinn

gedreht   (4 3 2 1 0 / $\overline{9}$ $\overline{8}$ $\overline{7}$ $\overline{6}$ $\overline{5}$ / 14 13 12 11 10)

Horizontale Abl. (14 13 12 11 10 / 4 3 2 1 0 / 9 8 7 6 5)

Wir wollen jetzt durch entsprechende Operationen auf dem Abbildungsvektor die horizontale in die vertikale Ablage überführen. Durch Striche kennzeichnen wir die Austausch-operationen.

(14 13 12 11 10 / 4 3 2 1 0 / 9 8 7 6 5)

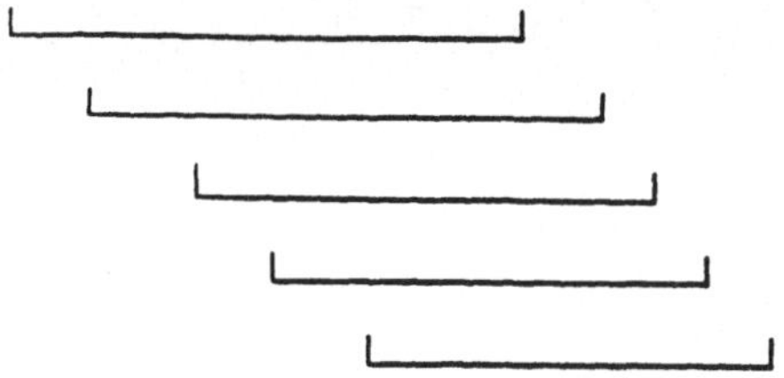

Bild 55

Damit erhalten wir das gewünschte Ergebnis

(4 3 2 1 0 / 14 13 12 11 10 / 9 8 7 6 5)

Beim Transponieren von Matrizen haben wir zwei Möglichkeiten, den Datenaustausch vorzunehmen. Wir betrachten zunächst beide Möglichkeiten und machen anschließend eine Aufwandsabschätzung.

Methode 1:

(4 3 2 1 0 / 14 13 12 11 10 / 9 8 7 6 5)

(4 3 2 1 0 / 9 8 7 6 5 / 14 13 12 11 10)

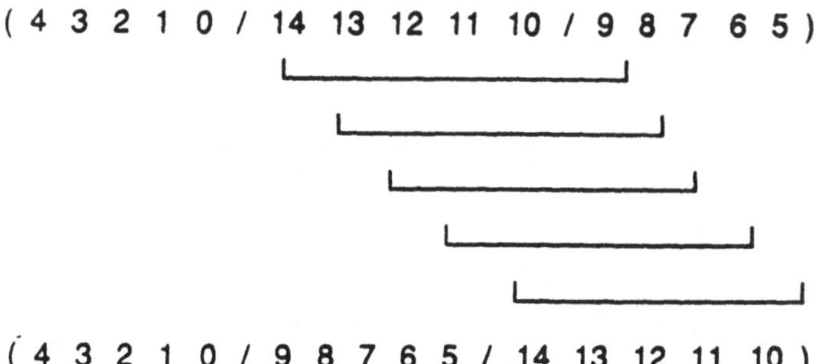

Bild 56

Methode 2:

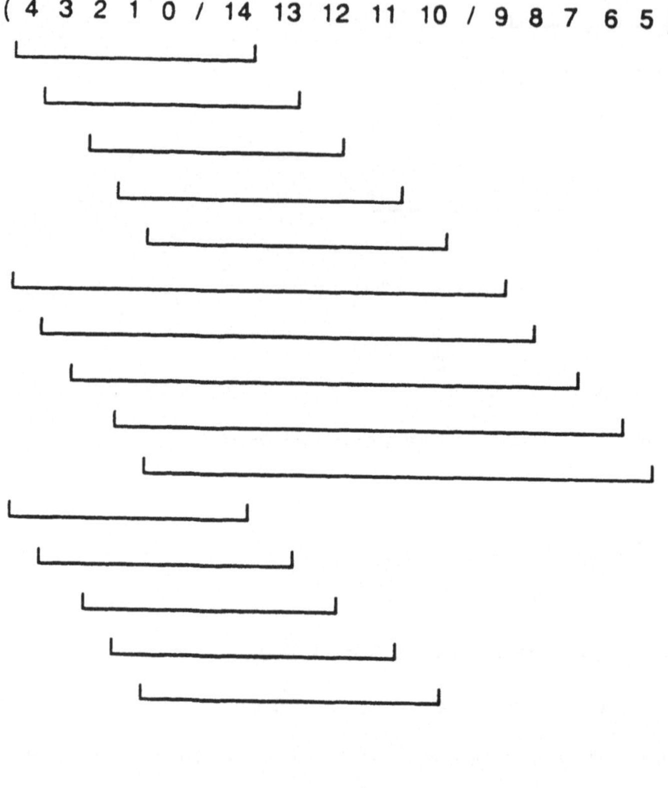

Bild 57

Bei flüchtiger Betrachtung sieht es aus, als sei der Aufwand bei der 2. Methode erheblich größer, da dreimal soviel Austauschoperationen vorgenommen werden.

Eine genaue Analyse ergibt:

1. Methode

Es handelt sich um orthogonal-planares Vertauschen. Nach 5.2.2.2 beträgt der Aufwand $2*(s(b_1)+s(b_2)$ Zyklen/Ebene. Da $s(b_1)=s(b_2)$ ist, erhält man $4*s(b_1) = 4*(2^0+2^1+2^2+2^3+2^4)$ = 124 Zyklen/Ebene.

2. Methode

Es handelt sich um orthogonal-vertikales Vertauschen. Nach 5.2.2.3 ist der Aufwand $s(b_2)$.
Da dieser Austausch dreimal vorgenommen wird, erhält man als Aufwand $3*(2^0+2^1+2^2+2^3+2^4) = 93$ Zyklen/Ebene.

Auch in anderen Fällen, in denen Datenumordnungen nötig sind, ist es sinnvoll, Aufwandsabschätzungen zu machen, da der Kommunikationsaufwand im Verhältnis zur Rechenzeit erheblich sein kann.

5.2 Buskopplung

Kommunikation über Busse ist zwar bei Änderungen der Topologie flexibler gegenüber der direkten Kopplung, normalerweise kann aber immer nur ein Teilnehmer auf dem Bus senden.
Der SUPRENUM-Rechner (Kap. II, 6.3) hat zwei unterschiedliche Busse, den Clusterbus und den SUPRENUM-Bus mit jeweils unterschiedlichen Kommunikationsmöglichkeiten. Beide Busse sind jeweils doppelt vorhanden. Dies steigert zum einen die Zuverlässigkeit des Systems, zum anderen die Übertragungsrate.

Die einzelnen Prozessor in einem Cluster kommunizieren über einen der beiden Clusterbusse. Diese Busse sind 64 Bit breit, d.h. die Datenübertragung geschieht parallel. Dabei erfolgt die Belegung des Busses durch einen Prozessor hardwaremäßig über entsprechende Steuerleitungen. Die Prozesse, die auf den verschiedenen Prozessoren ablaufen, kommunizieren untereinander durch das Versenden von Nachrichten (message passing).

Die Cluster sind untereinander durch den SUPRENUM-Bus verbunden. Hier ist nur eine Datenleitung vorhanden, d.h. die Kommunikation erfolgt bitseriell. Für die Bussteuerung wird ein sog. Token verwendet. Dieses Token kreist im Ring von Cluster zu Cluster. Jeweils das Cluster, das im Besitz des Token ist, darf Nachrichten abschicken.

5.3 Netzwerkkopplung

Während bei Bussen die Kommunikation in höchstens zwei Richtungen möglich ist, können Netzwerke sehr viel komplexer aufgebaut sein. Bei der Connection Machine verwendet man einen 12-dimensionalen Hypercube (4.2.3). Damit kann man 2^{12} = 4096 Cluster mit jeweils 16 Prozessoren verbinden. Dies ergibt insgesamt 2^{16} Prozessoren.

Die Kommunikation zwischen Clustern erfolgt durch die Auswertung der Start- und Zieladresse. Wir haben in 4.2.3 gesehen, daß ein Cluster mit einem Nachbarcluster hardware-mäßig dann verbunden ist, wenn sich die Adresse des Clusters in binärer Form in genau einem Bit von der Nachbaradresse unterscheidet.

Bei der Connection Machine haben wir für jedes Cluster jeweils 12 Verbindungen zu den Nachbarn. Für die Wegesuche im Netzwerk werden die Start- und Zieladresse verglichen. Ein Transport muß dann in all jenen Dimensionen erfolgen, wo sich die Bitstellen unterscheiden. Auf dem Weg vom Start- zum Zielknoten kann jeder Zwischenknoten dadurch entscheiden, in welche Richtung die Nachricht weiterzuleiten ist. Die Reihenfolge spielt dabei keine Rolle. Deshalb sind auch verschiedene Routen, je nach Netzbelastung oder Fehlersituationen, möglich. Die Anzahl der Zwischenknoten, die dabei durchlaufen werden, ist n-1, wenn n die Anzahl der unterschiedlich besetzten Bits in Start- und Zieladresse ist. Die Information wird dabei in <u>Paketen fester Länge</u> übertragen.

IV. Algorithmen für Parallelrechner

Wie wir in den Kapiteln II und III gesehen haben, ist die Leistungsfähigkeit von Parallelrechnern abhängig von der Struktur dieser Rechner. Aber auch die Auswahl der Lösungsalgorithmen und die Abbildung dieser Algorithmen auf die Rechnerstruktur hat für die Leistungsfähigkeit eine enorme Bedeutung. Für verschiedene Typen von Rechnern wird es normalerweise auch verschiedene Algorithmen zur Lösung desselben Problems geben, wenn man bei jedem Rechner die höchstmögliche Leistung erzielen will.

Wir wollen uns im folgenden mit <u>allgemeinen Prinzipien</u> für Algorithmen auf parallelen Strukturen beschäftigen und anschließend einige konkrete Beispiele aus der linearen Algebra betrachten. Die Implementierung dieser Algorithmen werden wir wieder am Beispiel DAP verdeutlichen.

1. Der Algorithmusbegriff

In Webster's New World Dictonary ist der Begriff Algorithmus seit 1957 aufgenommen. Vorher gab es den Begriff Algorismus, was einen Prozeß der Ausführung arithmetischer Operationen unter Verwendung arabischer Ziffern beschrieb.

Diese mittelalterliche Bedeutung weist auch daraufhin, daß es zu dieser Zeit bezüglich der Arithmetik zwei Gruppen gab:

Die <u>Abacisten</u>, die mit dem Abacus rechneten und

die <u>Algoristen</u>, die nach dem Algorismus mit arabischen Ziffern rechneten.

Der Ursprung des Wortes läßt sich auf den persischen Autor und Mathematiker Abu Jafar Mohammed ibn Musa <u>al-Khowarizmi</u> zurückführen. Khowarizmi ist das heutige Khiva in der Sowjetunion <Gold71>.

Der persische Mathematiker, von dessen Namen sich der Begriff Algorithmus ableitet, lebte um 840 in Bagdad und befaßte sich vor allem mit Berechnungen zur Erbteilung, einem damals sehr schwierigem und wichtigem Gebiet. Er benutzte dazu algebraische Methoden und schrieb ein Buch mit dem Titel "Kitab al jabr w'almuqabalah". Aus diesem Titel leitet sich der Begriff Algebra (al jabr) ab.

Heute verstehen wir unter Algorithmus eine Rechen-vorschrift, die zu jedem Satz erlaubter Startwerte ein Ergebnis liefert.

Als Beispiel wollen wir hier den Algorithmus von Euklid zur Berechnung des größten gemeinsamen Teilers GGT zweier natürlicher Zahlen m und n betrachten ($m \geq n$).

Schritt A1: Teile m durch n. Ermittle ganzzahligen Rest r.

Es gilt $0 \leq r < n$.

A2: Falls r = 0 gilt: n ist die Lösung.

Der Algorithmus terminiert.

A3: Austauschschritt

Setze m:=n und n:=r

Weiter mit A1

Beweisen wir noch, daß der Algorithmus auch das richtige Ergebnis liefert.

Wenn r=0 ist, dann gilt: m = qn d.h. m ist ein Vielfaches von n und der GGT(m,n) = n.

Wenn r≠0 ist, dann gilt: m = qn + r. Damit teilt jede Zahl, die m und n teilt, auch r = m - qn . Und jede Zahl die n und r teilt, teilt auch m = qn + r.

Damit gilt GGT(m,n)=GGT(n,r).

Was erwarten wir von einem Algorithmus bzw. welche Anforderungen stellen wir an ihn <Schn81>?

1. Vollständigkeit

Der Algorithmus besteht aus einer endlichen Zahl von Schritten

2. Eindeutigkeit

Die Wirkung und die Abfolge der einzelnen Schritte ist eindeutig festgelegt

3. Effektivität

Jeder einzelne Schritt nimmt nur endlich viel Zeit in Anspruch

2. Komplexitätsmaße

Zu einem vorgegebenen Problem kann es mehrere Lösungsalgorithmen geben, die sich in ihrer Abarbeitungszeit unterschiedlich verhalten können. Um solche verschiedenen Lösungsalgorithmen vergleichen· zu können, führt man Komplexitätsmaße ein.

2.1 Statische Komplexitätsmaße

Statische Komplexitätsmaße sind unabhängig von den Eingabedaten. Ein typisches Beispiel ist hier die Programmlänge in Zeilen, d.h. die Anzahl der in einem in einer bestimmten Programmiersprache geschriebenen Programm enthaltenen Anweisungen.

Diese Maße lassen aber keinen Schluß auf die Effizienz der Programme zu.

2.2 Dynamische Komplexitätsmaße

Dynamische Komplexitätsmaße liefern eine Aussage über den Zeit- und Speicherbedarf eines Algorithmuses in Abhängigkeit von den Eingabedaten. Man spricht deshalb auch von Zeitkomplexität bzw. (Speicher-) Platzkomplexität. So benötigt z. B. ein Routine, die sich in Abhängigkeit von den Eingabedaten selbst rekursiv mehrfach aufruft, einen größeren (Keller-)Speicher als wenn diese Routine nur einmal abgearbeitet wird.

Insbesondere die Zeitkomplexität läßt einen guten Vergleich von Lösungsalgorithmen zur selben Problemstellung zu.

In Kapitel V werden wir einen Leistungsvergleich von unterschiedlichen Rechnertypen vornehmen, in dem wir bestimmte Programme oder Programmpakete auf den zu bewertenden Rechner laufen lassen und die Ausführungszeiten messen. Wir werden dann sehen, daß bei der Leistungsfähigkeit eines bestimmten Algorithmuses die Struktur des Rechners eine große Rolle spielt.

Mit der Bestimmung der Zeitkomplexität eines Algorithmuses wollen wir unabhängig von Implementierungen die Güte von Algorithmen vergleichen.

Wie wir am Beispiel des Euklid'schen Algorithmus erkennen, ist die Laufzeit abhängig von den Eingabegrößen. Für m=100 und n=10 bricht der Algorithmus bereits nach dem 1. Schritt ab, der GGT(100,10) ist 10. Für m=455 und n=52 dagegen, werden die einzelnen Schritte mehrmals durchlaufen bis das Ergebnis GGT(455,52)=13 feststeht.

Man kann nun als Zeitkomplexität eines Algorithmuses beispielsweise den Mittelwert für alle möglichen Paare m und n betrachten, aber auch den Maximalwert für den schlechtesten Fall.

2.3 Definition:

Wir sagen, die Zeitkomplexität eines Algorithmuses A ist von der Ordnung n^m, wenn die Eingabedaten von der Größe n von p Prozessoren in einer Zeit $c*n^m$ verarbeitet werden und schreiben

$$T_p(n) = O(n^m)$$

Dabei ist $T_1(n)$ die Komplexität im seriellen Fall.

2.4 Beispiel:

Betrachten wir die Lösung eines Gleichungssystems mit n Gleichungen unter Verwendung des Gauß-Verfahrens (siehe S. 5). Wir sehen, daß die Anzahl der arithmetischen Operationen   (Multiplikationen und Additionen) im seriellen Fall proportional zu n^3 ist.

Damit gilt $T_1(n) = O(n^3)$.

Dabei wird in der O-Schreibweise immer nur die höchste Potenz der Größe n der Eingabedaten verwendet.

Wir werden im folgenden diese Schreibweise benutzen und Algorithmen mit diesem Komplexitätsmaß vergleichen.

3. Konzepte für effiziente Algorithmen

Es gibt für die Konstruktion von Algorithmen zwei grundlegende Prinzipien, die wir zunächst betrachten wollen. Sie lassen sich später auch auf die Konstruktion paralleler Algorithmen übertragen.

3.1 Rekursion

Das Prinzip der Rekursion führt zu einer konzeptionellen Vereinfachung von Algorithmen. Eine Prozedur heißt rekursiv, wenn sie sich in direkter oder indirekter Weise selbst aufruft.

Beispiel:

Berechnung der Fakultät(n) = n! = n*(n-1)*(n-2)*...* 2 * 1

Dies läßt sich rekursiv formulieren durch n! = n * (n-1)!

3.2 Teile und Herrsche Prinzip (Divide et impera)

Es ist oftmals für die Lösung eines Problems günstiger, eine Zerlegung in kleinere Teilprobleme vorzunehmen und die Lösung dieser Teilprobleme zur Gesamtlösung zusammenzusetzen. Der Aufwand für die Lösung der Teilprobleme ist in der Summe <u>geringer</u> als der Aufwand für die Lösung des Ausgangsproblems.

Beispiel: Minimum-/Maximumbestimmung

Wir betrachten eine Menge mit $n = 2^i$ Elementen und wollen
sowohl das Maximum als auch das Minimum dieser Menge
bestimmen.

Schritt 1: Max = n_1

Schritt 2: Max = n_k , falls $n_k >$ Max. Wiederhole Schritt 2

$\quad\quad\quad$ für $2 \leq k \leq 2^i$

Das Minimum wird analog berechnet aus den verbleibenden n-1
Elementen.

Damit gilt: $T_1(n) = (n-1) + (n-2) = 2n-3$

Wenden wir das Teile und Herrsche Prinzip an, dann teilen
wir unsere Menge von $n=2^i$ Elemente so lange auf, bis jede
Teilmenge nur noch 2 Elemente enthält:

$(n_1,n_2),(n_3,n_4),(n_5,n_6),(n_7,n_8),\ldots\ldots\ldots\ldots\ldots\ldots\ldots\ldots\ldots$

Um in jeder Teilmenge das Maximum und das Minimum zu
bestimmen, brauchen wir genau einen Vergleich, d.h.
$T_1(2)=1$.

Seien nun n_{1max}, n_{2max}, n_{1min} und n_{2min} die Maxima und
Minima der ersten und zweiten Teilmenge. Dann erhält man
das Maximum und das Minimum von (n_1,n_2,n_3,n_4) durch zwei
Vergleiche von (n_{1max},n_{2max}) und von (n_{1min},n_{2min}). Es
ergibt sich $T_1(4) = 2T_1(2)+2$.

Allgemein gilt

$$T_1(n) = \begin{cases} 1 & \text{für } n=2 \\ \\ 2T_1(n/2)+2 & \text{für } n>2 \end{cases}$$

Löst man diese Rekurrenzengleichung, dann erhält man

$$T_1(n) = 1.5*n - 2.$$

Dies läßt sich durch vollständige Induktion beweisen.

Damit haben wir eine bessere Zeit erzielt als mit der konventionellen Methode.

Das Ergebnis läßt sich verallgemeinern:

Für alle Algorithmen, die nach dem Teile und Herrsche Prinzip konstruiert werden, kann die Komplexität in folgender Form angegeben werden:

$$T_1(n) = \begin{cases} b & \text{für } n=1 \\ \\ aT_1(n/c) + bn & \text{für } n>1 \end{cases}$$

mit $a,b,c \geq 0$.

Dann gilt für $n=c^k$:

$$T_1(n) = \begin{cases} O(n) & \text{für } a<c \\ O(n\log n) & \text{für } a=c \\ O(n^{\log_c a}) & \text{für } a>c \end{cases}$$

4. Elemente paralleler Algorithmen

Nachdem wir grundsätzliche Prinzipien zur Konstruktion von Algorithmen kennengelernt haben, wollen wir uns jetzt mit der Entwicklung paralleler Algorithmen befassen.

Um Komplexitätsvergleiche machen zu können, müssen wir hinsichtlich des Prozessors gewisse Einschränkungen machen.

4.1 Definition des Idealprozessors

Wir betrachten im weiteren einen Idealprozessor, der folgende Eigenschaften aufweist:

1. Die Menge der Operationen, die der Prozessor ausführt, besteht aus den Operationen $+,-,*,/$. Dabei ist zugelassen, daß $+$ als logisches Oder und $*$ als logisches Und interpretiert werden kann.

2. Jeder einzelne Prozessor kann zu einem bestimmten Zeitpunkt genau eine dieser Operationen ausführen.

3. Verschiedene Prozessoren können zu jedem Zeitpunkt verschiedene Operationen ausführen.

4. Für die Ausführung jeder dieser Operationen wird genau ein Zeitschritt benötigt.

5. Alle anderen Operationen, wie z.B. Datentransfer, Speicherung, Umordnung der Daten usw. sollen keine Zeit beanspruchen.

6. Das zu betrachtende System enthält p Idealprozessoren.

Nach den Betrachtungen in Kapitel III sehen wir sofort, daß insbesondere die 5. Bedingung eine gravierende und nicht praxisgerechte Einschränkung ist. Wir haben in Kapitel III gezeigt, daß gerade die Datenumordnung einen erheblichen Zeitaufwand erfordert. Dennoch wollen wir diese in der Praxis übliche Bewertung weiterführen. An den Stellen, an denen <u>Kommunikation</u> notwendig ist, werden wir aber extra daraufhinweisen.

In der Komplexitätstheorie gibt es zwei interessante Sätze, die es erlauben, Komplexitätsabschätzungen für Algorithmen, die für Monoprozessoren bzw. für eine unbegrenzte Zahl von Idealprozessoren gelten, auf Systeme mit p Idealprozessoren zu übertragen.

Da es sich bei den Beweisen zu diesen Sätzen um konstruktive Beweise handelt, die eine Zuordnung der arithmetischen Operationen zu den p Prozessoren veranschaulicht, wird darauf ausführlich eingegangen.

4.2 Satz von Munro und Paterson

Munro und Paterson haben 1973 folgenden Satz veröffentlicht <Munr73>:

Seien für die Berechnung eines Elementes S insgesamt $s \geq 1$ sequentielle <u>binäre</u> arithmetische Operationen notwendig. Dann erfordert die Berechnung von S mit p Idealprozessoren mindestens

$$\lceil ld(s+1) \rceil \text{ Schritte für } s < 2^{\lceil ldp \rceil}$$

$$\lceil (s+1-2^{\lceil ldp \rceil})/p \rceil + \lceil ldp \rceil \text{ Schritte für } s \geq 2^{\lceil ldp \rceil}$$

<u>Beweis:</u>

Sei Z die Zahl der Schritte, die ein Algorithmus zur Berechnung von S mit p Prozessoren braucht.

Es gelte $2^k < p < 2^{k+1}$.

Zur Zeit Z, also im letzten Schritt, kann höchstens ein Prozessor eingesetzt werden, da es sich um ein Ergebnis S und um <u>binäre</u> Operationen handelt.

Allgemein gilt, daß zur Zeit Z-r, $r \geq 0$, $p_r = \min(p, 2^r)$ Prozessoren für die Berechnung von S eingesetzt werden können.

Falls $s > 2^{\lceil ldp \rceil} - 1$, d.h. die Anzahl der Prozessoren reicht nicht aus, um alle möglichen binären Operationen parallel auszuführen, dann werden

$$Z_p = 1 + 2 + 4 + \ldots\ldots + 2^{\lfloor ldp \rfloor} + p + \ldots\ldots p$$

Operationen ausgeführt.

$$Z_p = (2^{\lfloor ldp \rfloor + 1} - 1) + p(Z - \lfloor ldp \rfloor - 1)$$
$$= (2^{\lceil ldp \rceil} - 1) + p(Z - \lceil ldp \rceil) \qquad \text{wegen } 2^k < p < 2^{k+1}$$

Da $s \leq Z_p$ gilt:

$$s \leq (2^{\lceil ldp \rceil} - 1) + p(Z - \lceil ldp \rceil) \text{ und damit}$$
$$Z \geq \lceil (s + 1 - 2^{\lceil ldp \rceil})/p \rceil + \lceil ldp \rceil$$

Im anderen Fall, wenn $s \leq 2^{\lceil ldp \rceil} - 1$ gilt:

$$s \leq Z_p = \sum_{i=0}^{Z-1} 2^i = 2^Z - 1 \text{ und damit } Z \geq \lceil ld(s+1) \rceil$$

Für den Fall $p = 2^k$ verfährt man analog.

4.3 Satz von Brent

Brent <Bren74> geht vom Idealfall, eine unbegrenzte Anzahl von Prozessoren, aus und überträgt das Ergebnis auf p Idealprozessoren.

Wenn S eine Berechnung ist, die aus s Operationen besteht und t Zeitschritte mit einer unbegrenzten Anzahl von Prozessoren braucht, dann kann man die Berechnung mit p Prozessoren durchführen und es gilt

$$T_p \leq t + (s - t)/p$$

Beweis:

Seien s_1, s_2, ..., s_t die jeweilige Anzahl von Operationen die zur Berechnung von S in den Zeitschritten 1, 2, ..., t ausgeführt werden.

Es gilt: $s = \sum\limits_{i=1}^{t} s_i$

Da im Zeitschritt i ($1 \leq i \leq t$) s_i Operationen ausgeführt werden, brauchen p Prozessoren dazu

$$s_i' = \lceil s_i/p \rceil \text{ Operationen.}$$

Insgesamt gilt dann

$$T_p = \sum\limits_{i=1}^{t} s_i' = \sum\limits_{i=1}^{t} \lceil s_i/p \rceil$$

Setzen wir $s_i = v_i p + w_i$, $0 \leq w_i < p$, $v_i, w_i \in N$, dann müssen wir 2 Fälle unterscheiden:

1. Fall: $w_i = 0$

Dann gilt: $\lceil s_i/p \rceil = s_i/p$

Mit $p \geq 1$ erhält man $1 - 1/p \geq 0$ und damit

$\lceil s_i/p \rceil \leq s_i/p + 1 - 1/p$.

2. Fall: $w_i > 0$

Dann ist $s_i/p = v_i + w_i/p = v_i + 1 - 1 + w_i/p$

$$= \lceil s_i/p \rceil - 1 + w_i/p$$

Daraus folgt:

$$\lceil s_i/p \rceil = s_i/p + 1 - w_i/p \leq s_i/p + 1 - 1/p$$

Damit gilt:

$$T_p = \sum_{i=1}^{t} \lceil s_i/p \rceil \leq \sum_{i=1}^{t} (s_i + p - 1)/p =$$

$$= t - t/p + 1/p \sum_{i=1}^{t} s_i = t + (s - t)/p$$

4.4 Konstruktionsprinzipien für parallele Algorithmen

Die Abbildung von Algorithmen auf Parallelrechner ist abhängig von der vorhandenen Architektur. <u>Jeder Benutzer solcher Rechner muß seinen Lösungsalgorithmus in Kenntnis der Architektur programmieren, wenn er optimale Laufzeiten erreichen will <Erha86>.</u> Es gibt aber einige Prinzipien, die unabhängig von der Struktur immer wieder benutzt werden können.

4.4.1 Rekursives Doppeln

Das Prinzip des rekursiven Doppelns haben wir bereits beim Teile und Herrsche Prinzip kennengelernt.

Das Problem wird rekursiv in 2 Unterprobleme gleicher Mächtigkeit zerlegt und diese Unterprobleme werden parallel gelöst. Betrachten wir als Beispiel die Summation von $n = 2^k$ Zahlen.

$$S = \sum_{i=0}^{n-1} a_i$$

$$= \sum_{i=0}^{n/2-1} a_i + \sum_{i=n/2}^{n-1} a_i$$

$$\vdots$$

$$= (a_0 + a_1) + (a_2 + a_3) + \ldots\ldots\ldots+ (a_{n-2} + a_{n-1})$$

Mit n/2 Prozessoren lassen sich im 1. Schritt die Teilsummen ermitteln, im 2. Schritt brauchen wir dann n/4 Prozessoren usw.

Für den Monoprozessor gilt $T_1=O(n)$, für p=n/2 Prozessoren gilt

$$T_p = O(ldn)$$

4.4.2 Zyklische Reduktion

Lineare Rekurrenzgleichungen 1. Ordnung lassen sich schreiben als

$$x(j) = a(j)x(j-1) + d(j) \qquad 1 \leq j \leq n$$

Man sieht, daß sich ein x(j) erst dann berechnen läßt, wenn x(j-1) vorhanden ist. Wie es scheint, ist dieser Rechenvorgang nur sequentiell zu bearbeiten.

Mit der Methode der zyklischen Reduktion kommt man hier weiter.

Betrachten wir die beiden Gleichungen

(1) $x(j) = a(j)x(j-1) + d(j)$

(2) $x(j-1) = a(j-1)x(j-2) + d(j-1)$

Durch Einsetzen von (2) in (1) erhalten wir:

$$x(j) = a(j)a(j-1)x(j-2) + a(j)d(j-1) + d(j)$$
$$= a^{(1)}(j)x(j-2) + d^{(1)}(j)$$

mit $a^{(1)}(j) = a(j)a(j-1)$ und $d^{(1)}(j) = a(j)d(j-1) + d(j)$

Damit hat man erreicht, daß $x(j)$ nur noch von $x(j-2)$ abhängig ist.

Betrachten wir noch einen weiter Schritt:

(1) $x(j) = a(j)a(j-1)x(j-2) + a(j)d(j-1) + d(j)$

(2) $x(j-2) = a(j-2)a(j-3)x(j-4) + a(j-2)d(j-3) + d(j-2)$

Wir setzen wieder (2) in (1) ein und erhalten:

$$x(j)= a(j)a(j-1)a(j-2)a(j-3)x(j-4) + a(j)a(j-1)a(j-2)d(j-3)$$
$$+ a(j)a(j-1)d(j-2) + a(j)d(j-1) + d(j)$$

Damit ist $x(j)$ nur noch von $x(j-4)$ abhängig. Bei den Summanden sieht man eine gewisse Regelmäßigkeit, die sich rekursiv anschreiben läßt:

$$x(j) = a^{(m)}(j)x(j-2^m) + d^{(m)}(j) \ , \ 1 \leq j \leq n, \ 0 \leq m \leq ldn$$

$$\text{mit } a^{(m)}(j) = a^{(m-1)}(j)a^{(m-1)}(j-2^{m-1}) \hspace{3em} (3)$$

$$d^{(m)}(j) = a^{(m-1)}(j)d^{(m-1)}(j-2^{m-1})+d^{(m-1)}(j) \hspace{2em} (4)$$

Wir müssen nun ein paralleles Rechenschema für die Koeffizienten angeben. Zunächst hat es den Anschein, daß es sich bei den Gleichungen (3) und (4) wieder um Rekurrenzen handelt. Bei genauem Betrachten sehen wir, daß zum Berechnungszeitpunkt die Werte auf der rechten Seite alle bekannt sind, da sie zum (m-1)-ten Berechnungsschritt gehören.

Wir können damit alle Werte eines Berechnungsschritts parallel berechnen und müssen anschließend durch einen Datentransport die Werte zur Weiterverarbeitung an den zuständigen Prozessor bringen. Dies soll für die Berechnung der $a^m(j)$ verdeutlicht werden.

Die Berechnungsvorschrift lautet

$$a^{(1)}(j) = a(j)a(j-1)$$
$$a^{(2)}(j) = a^{(1)}(j)a^{(1)}(j-2)$$

Daraus erhält man folgendes Schema:

m=0 a(1) a(2) a(3) a(4) a(5) a(6) a(7) a(8) a(9)

         *   *   *   *   *   *   *   *

m=1 $a^1(2)$ $a^1(3)$ $a^1(4)$ $a^1(5)$ $a^1(6)$ $a^1(7)$ $a^1(8)$ $a^1(9)$

               *   *   *   *   *   *

m=2 $a^2(4)$ $a^2(5)$ $a^2(6)$ $a^2(7)$ $a^2(9)$ $a^2(9)$

Die weitere Berechnung und die Berechnung der $d^m(j)$ geht analog.

4.4.3 Datenvervielfachung

Durch das Verteilen eines Datums auf mehrere Prozessoren und einem anschließenden Rechenschritt kann man parallele Verarbeitung erreichen. Dies soll am Beispiel der Matrizenmultiplikation C=A*B dargestellt werden.

Im seriellen Fall erhält man das Element $c_{i,j}$ durch das Skalarprodukt der i-ten Zeile von A mit der j-ten Spalte von B.

$$a_{i,} \qquad \bigg| \quad b_{,j} \qquad = \qquad c_{i,j}$$

Die parallele Berechnung dieser Matrizenmultiplikation wird am Beispiel DAP dargestellt.

Im i-ten Berechnungsschritt wird dabei die i-te Spalte von A und die i-te Zeile von B vervielfacht und entsprechend auf die Prozessoren verteilt.

Das bedeutet, daß die Hilfsmatrix A' aus identischen Spalten und B' aus identischen Zeilen besteht. Anschließend werden A'und B' elementweise multipliziert und zu C addiert (C = 0 zu Beginn).

Nach n Schritten enthält C das gewünschte Matrizenprodukt A*B.

Wir betrachten den Algorithmus an der Multiplikation von 2x2-Matrizen:

$$A = \begin{pmatrix} a_{11} & a_{12} \\ a_{21} & a_{22} \end{pmatrix} \qquad B = \begin{pmatrix} b_{11} & b_{12} \\ b_{21} & b_{22} \end{pmatrix}$$

1. Schritt

$$A' = \begin{pmatrix} a_{11} & a_{11} \\ a_{21} & a_{21} \end{pmatrix} \qquad B' = \begin{pmatrix} b_{11} & b_{12} \\ b_{11} & b_{12} \end{pmatrix}$$

$$C = \begin{pmatrix} a_{11}b_{11} & a_{11}b_{12} \\ a_{21}b_{11} & a_{21}b_{12} \end{pmatrix}$$

2. Schritt

$$A' = \begin{pmatrix} a_{12} & a_{12} \\ a_{22} & a_{22} \end{pmatrix} \qquad B' = \begin{pmatrix} b_{21} & b_{22} \\ b_{21} & b_{22} \end{pmatrix}$$

$$C = \begin{pmatrix} a_{11}b_{11}+a_{12}b_{21} & a_{11}b_{12}+a_{12}b_{22} \\ a_{21}b_{11}+a_{22}b_{21} & a_{21}b_{12}+a_{22}b_{22} \end{pmatrix}$$

Dies ist das gewünschte Ergebnis.

5. Algorithmen der linearen Algebra

In ingenieurwissenschaftlichen Berechnungen lassen sich viele Fragestellungen auf Algorithmen aus der linearen Algebra zurückführen. Wir wollen zunächst einige einfache, grundlegende Algorithmen aus diesem Bereich betrachten und anschließend übergehen zu Algorithmen zur direkten und iterativen Lösung von Gleichungssystemen <Erha84>, <Erha86>.

Ein zweites wichtiges Thema im Bereich der Algorithmen ist die Berechnung von Standardfunktionen wie Quadratwurzel, Logarithmus, trigonometrische Funktionen usw.

Die Berechnung dieser Funktionen durch eine Reihenentwicklung ist zeitaufwendig. Neuartige Methoden zur Berechnung dieser Funktionen, sogenannte Bitalgorithmen, die eine sehr schnelle Berechnung zulassen, werden in Kapitel VI ausführlich vorgestellt.

5.1 Die Berechnung von x^n

Im seriellen Fall müssen wir hierzu n-1 Multiplikationen ausführen.

Es gilt $\qquad T_1(n) = n - 1 = O(n)$.

Für die parallele Berechnung liegt es zunächst nahe, die Methode des rekursiven Doppelns zu verwenden. Man erhält dann

$$T_p = O(ldn) \text{ mit } P = n/2.$$

Mit einer 2. Methode, die wir anschließend betrachten, erreichen wir ebenfalls $T_p = O(ldn)$ mit P = 2.

Wir stellen zunächst n im Dualsystem dar und erhalten

$$n = n_{k-1}2^{k-1} + n_{k-2}2^{k-2} + \ldots\ldots\ldots + n_1 2^1 + n_0 \quad \text{mit } n_{k-1}=1$$

$$x^n = x^{n_{k-1}2^{k-1} + n_{k-2}2^{k-2} + \ldots\ldots\ldots + n_1 2^1 + n_0}$$

$$= x^{n_{k-1}2^{k-1}} * x^{n_{k-2}2^{k-2}} * \ldots\ldots\ldots * x^{n_1 2^1} * x^{n_0}$$

Stehen 2 Prozessoren zur Verfügung, dann berechnet

Prozessor 1 $x, x^2, x^4, x^8, \ldots\ldots\ldots\ldots\ldots, x^{2^{k-1}}$

und

Prozessor 2 multipliziert den Anfangswert in Abhängigkeit

von n_i mit dem entsprechenden Wert x^{2^i}. Der Anfangswert ist

x für $n_0=1$ und 1 für $n_0=0$. Dadurch erhält man

$$T_2 = ldn = O(ldn).$$

Hat man nur einen Prozessor zur Verfügung, dann werden
abwechselnd die Potenzen und dann das Produkt berechnet.
Dies ergibt

$$T_1 = 2*ldn = O(ldn).$$

5.2 Die Berechnung von x, x^2, x^3, ... , x^n

Benötigt man alle Potenzen x^k ($1 \le k \le n$) einer Zahl x,
so läßt sich auch hier eine parallele Berechnungsvorschrift
angeben. Zu berücksichtigen ist hier jedoch, daß dabei sehr
viele Daten <u>transportiert</u> werden müssen.

In jedem Zeitschritt t ($1 \leq t \leq \mathrm{ld}\,n$) werden die Potenzen

$$x^{2^{t-1}+1}, \; x^{2^{t-1}+2}, \; \ldots\ldots\ldots, \; x^{2^t}$$ berechnet. Dazu werden

2^{t-1} Prozessoren benötigt.

Anschließend führt man folgende Datentransporte aus:

1. Die höchste Potenz x^{2^t} wird an alle Prozessoren 1 bis 2^t verteilt.

2. Die Ergebnisse $x^{2^{t-1}+1}, \; x^{2^{t-1}+2}, \; \ldots\ldots\ldots, \; x^{2^t}$ werden an die Prozessoren $2^{t-1}+1, \; \ldots\ldots\ldots, \; 2^t$ verteilt.

Anschließend kann die nächste Berechnung vorgenommen werden.

Wir wollen dies an einem Beispiel für n=32 ausführlich betrachten.

Berechnungsschritt t=1:

Prozessor P_1 berechnet aus x x^2

Transportschritt:

Prozessor P_1 sendet x^2 an P_2

Berechnungsschritt t=2:

P_1 und P_2 berechnen x^3 und x^4

Transportschritt:

P_2 sendet x^4 an die Prozessoren P_1 bis P_4, x^3 und x^4 gehen zu den Prozessoren P_3 und P_4.

Berechnungsschritt t=3:

P_1 bis P_4 berechnen x^5 bis x^8

Transportschritt:

P_4 sendet x^8 an die Prozessoren P_1 bis P_8, x^5 bis x^8 gehen zu den Prozessoren P_5 bis P_8

Berechnungsschritt t=4:

P_1 bis P_8 berechnen x^9 bis x^{16}

Transportschritt:

P_8 sendet x^{16} an die Prozessoren P_1 bis P_{16}, x^9 bis x^{16} gehen zu den Prozessoren P_9 bis P_{16}

Berechnungsschritt t=5:

P_1 bis P_{16} berechnen x^{17} bis x^{32}

Als Komplexitätsmaß erhalten wir T_p = O(ldn) mit P=n/2, allerdings ist hier der Anteil der Kommunikation nicht berücksichtigt (Idealprozessor).

5.3 Matrizenmultiplikation

In 4.4.3 haben wir als Beispiel für die Anwendung der Datenvervielfachung die Multiplikation von Matrizen betrachtet.

Wir wollen hier nochmals grundlegend auf verschiedene Methoden zur Multiplikation von Matrizen eingehen.

Betrachten wir zunächst den seriellen Fall bei der Multiplikation einer n x m mit einer m x l Matrix. Das Ergebnis ist eine n x l Matrix (C = A * B).

Für jedes der n*l Elemente c_{ij} ist das Skalarprodukt aus der i-ten Zeile von A mit der j-ten Spalte von B zu bilden. Dies ergibt m Multiplikationen und m-1 Additionen, insgesamt also 2m-1 Operationen.

Wir erhalten

$$T_1 = n*l*(2m-1)$$

und für n=m=1 $$T_1 = O(n^3)$$

Da die Ergebnismatrix C n^2 Elemente enthält, zu deren Berechnung mindestens n^2 arithmetische Operationen notwendig sind, gilt

$$T_1{}^{inf} = O(n^2) .$$

In den letzten 20 Jahren wurden immer wieder theoretische Ansätze veröffentlicht, deren Komplexität sich dem Wert $O(n^2)$ näherten.

Hier sollen zwei theoretische Ansätze und eine Realisierung näher betrachtet werden.

5.3.1 Die Winograd-Identität

Es gilt $x_1y_1 + x_2y_2 = (x_1 + y_2)*(x_2 + y_1) - x_1x_2 - y_1y_2$
Daraus läßt sich für n=2k die Winograd-Identität <Wino70> ableiten:

$$\sum_{i=1}^{2k} x_i y_i = \sum_{s=1}^{k} (x_{2s-1}+y_{2s})*(x_{2s}+y_{2s-1}) - \sum_{s=1}^{k} x_{2s-1}x_{2s} - \sum_{s=1}^{k} y_{2s-1}y_{2s}$$

Wenn wir den Aufwand abschätzen, dann sehen wir, daß für die linke Seite $2k = n$ Multiplikationen und $2k-1 = n-1$ Additionen notwendig sind.

Für die rechte Seite benötigen wir $3k = 1.5n$ Multiplikationen und $2k + 3(k-1) + 2 = 5k - 1 = 2.5n - 1$ Additionen. Der Aufwand ist weit größer für die rechte Seite. Dies ändert sich jedoch wenn wir zur Matrizenmultiplikation übergehen.

Wir betrachten Matrizen mit Dimensionen wie unter 5.5.3 definiert ($m=2k$) und führen folgende Berechnungen zur Ermittlung von $C = A * B$ durch:

1.
$$f_i = \sum_{s=1}^{k} a_{i,2s-1}*a_{i,2s} \qquad 1 \leq i \leq n$$

2.
$$g_j = \sum_{s=1}^{k} b_{2s-1,j}*b_{2s,j} \qquad 1 \leq j \leq l$$

3.
$$c_{i,j} = \sum_{s=1}^{k} (a_{i,2s-1}+b_{2s,j})*(a_{i,2s}+b_{2s-1,j}) - f_i - g_j$$

für $1 \leq i \leq n,\ 1 \leq j \leq l$

Eine Aufwandsabschätzung ergibt:

nml/2 + (n+1)m/2 Multiplikationen

nl(m+(m/2-1)+2)+(m/2-1)(n+1) Additionen

Für l=m=n ergibt sich:

$n^3/2 + n^2$ Multiplikationen und $3n^3/2 + 2n^2 - 2n$ Additionen

Somit erhält man als Komplexitätsmaß

$$T_1 = O(n^3).$$

Dies entspricht dem Maß für die Standardmethode. In der praktischen Realisierung dauert aber eine Multiplikation wesentlich länger als eine Addition.

Für die Standardmethode erhält man n^3 Multiplikationen und $n^3 - n^2$ Additionen. Für große n haben wir die Anzahl der Multiplikationen in etwa halbiert, während die Anzahl der Additionen um etwa die Hälfte steigt.

Obwohl das Komplexitätsmaß bei beiden Methoden gleich ist, ist der Zeitaufwand bei Anwendung der Winograd-Identität in der Realisierung geringer.

Die Winograd-Methode ist auch für Parallelrechner interessant, da sich die f_i und g_j parallel berechnen lassen. Für die f_i werden jeweils benachbarte Zeilenwerte, für die g_j benachbarte Spaltenwerte in regelmäßiger Weise multipliziert.

5.3.2 Der Algorithmus von Strassen

Strassen <Stra69> hat 1969 einen Algorithmus zunächst für 2x2-Matrizen angegeben, mit dem sich die Komplexität verringern läßt.

$$\begin{pmatrix} c_{11} & c_{12} \\ c_{21} & c_{22} \end{pmatrix} = \begin{pmatrix} a_{11} & a_{12} \\ a_{21} & a_{22} \end{pmatrix} * \begin{pmatrix} b_{11} & b_{12} \\ b_{21} & b_{22} \end{pmatrix}$$

Strassen gibt folgende Berechnungsschritte an:

$$s_1 = (a_{11} + a_{22}) * (b_{11} + b_{22})$$
$$s_2 = (a_{21} + a_{22}) * b_{11}$$
$$s_3 = a_{11} * (b_{12} - b_{22})$$
$$s_4 = a_{22} * (b_{21} - b_{11})$$
$$s_5 = (a_{11} + a_{12}) * b_{22}$$
$$s_6 = (a_{21} - a_{11}) * (b_{11} + b_{12})$$
$$s_7 = (a_{12} - a_{22}) * (b_{21} + b_{22})$$

und mit diesen Hilfsgrößen

$$c_{11} = s_1 + s_4 - s_5 + s_7$$
$$c_{12} = s_3 + s_5$$
$$c_{21} = s_2 + s_4$$
$$c_{22} = s_1 - s_2 + s_3 + s_6$$

Dies ergibt das gewünschte Ergebnis mit dem Aufwand von 7 Multiplikationen und 18 Addition. Bei der Standardmethode braucht man 8 Multiplikationen und 4 Additionen.

Dieses Ergebnis läßt sich auf größere Matrizen übertragen, deren Elemente nach Partitionierung selbst Matrizen sind.

Seien A und B Matrizen der Dimension $n = m*2^{k+1}$.

Durch Halbierung der Dimension werden die Matrizen partitioniert in

$$\begin{bmatrix} C_{11} & C_{12} \\ C_{21} & C_{22} \end{bmatrix} = \begin{bmatrix} A_{11} & A_{12} \\ A_{21} & A_{22} \end{bmatrix} * \begin{bmatrix} B_{11} & B_{12} \\ B_{21} & B_{22} \end{bmatrix}$$

Die Matrizen A_{ij}, B_{ij} und C_{ij} haben jetzt die Dimension $n_k = m*2^k$.

Wenden wir den Strassen-Algorithmus darauf an, dann erhalten wir

$$S_1 = (A_{11} + A_{22}) * (B_{11} + B_{22})$$
$$S_2 = (A_{21} + A_{22}) * B_{11}$$
$$S_3 = A_{11} * (B_{12} - B_{22})$$
$$S_4 = A_{22} * (B_{21} - B_{11})$$
$$S_5 = (A_{11} + A_{12}) * B_{22}$$
$$S_6 = (A_{21} - A_{11}) * (B_{11} + B_{12})$$
$$S_7 = (A_{12} - A_{22}) * (B_{21} + B_{22})$$

und mit diesen Hilfsgrößen

$$C_{11} = S_1 + S_4 - S_5 + S_7$$
$$C_{12} = S_3 + S_5$$
$$C_{21} = S_2 + S_4$$
$$C_{22} = S_1 - S_2 + S_3 + S_6$$

Dieser Algorithmus läßt sich nun rekursiv soweit weiterführen, bis die entstehenden Matrizen von der Dimension zwei sind.

Wir wollen jetzt die Zeitkomplexität des Algorithmus bestimmen:

Sei

a(m,k) der Algorithmus zur Multiplikation zweier Matrizen der Dimension $n_k = m*2^k$

Ma(m,k) die Anzahl der Multiplikationen für a(m,k)

Sa(m,k) die Anzahl der Additionen für a(m,k)

Es gilt

$$Ma(m,k) = 7 * Ma(m,k-1) \qquad \text{folgt aus dem ursprünglichen}$$
$$\text{Strassen-Algorithmus}$$
$$= 7^k * Ma(m,0)$$
$$= 7^k * m^3$$
$$Sa(m,k) = 18 * (m*2^{k-1})^2 + 7 * Sa(m,k-1)$$

Dies ergibt sich aus den 18 Additionen von Matrizen der Dimension $m*2^{k-1}$ und den 7 Multiplikationen, die ihrerseits Additionen der Größenordnung Sa(m,k-1) erfordern.

Die rekurrente Beziehung von Sa(m,k) hat die Lösung

$$Sa(m,k) = (5 + m) * m^2 * 7^k - 6 * (m * 2^k)^2$$

Dies läßt sich durch vollständige Induktion beweisen.

Damit erhalten wir als Zeitkomplexität

$$T_1 = Ma(m,k) + Sa(m,k)$$
$$= 7^k * m^3 + (5 + m) * m^2 * 7^k - 6 * (m * 2^k)^2$$
$$= (5 + 2m) * 7^k * m^2 - 6 * (m * 2^k)^2$$

Für den Fall m=1 also $n=2^{k+1}$ ergibt sich

$$
\begin{aligned}
T_1(n) &= 7^{k+1} - 6 * (\ 2^k\ )^2 \\
&= 7^{k+1} - 6 * (\ 2^{k+1}/2\ )^2 \\
&= 7^{ld(2^{k+1})} - 6 * (\ 2^{k+1}/2\ )^2 \\
&= 7^{ld(n)} - 6 * (\ n/2\ )^2 \\
&= n^{ld(7)} - 6 * (\ n/2\ )^2 \\
&= n^{2.81} - 6 * (\ n/2\ )^2 \\
&= O(n^{2.81})
\end{aligned}
$$

Wir haben damit gegenüber der Standardmethode mit $O(n^3)$ eine Reduktion der Zeitkomplexität auf $O(n^{2.81})$ erreicht. Die folgende Tabelle verdeutlicht die Einsparung:

ld(n)	n	n^3	n^{ld7}	$n^3/n^{ld(7)}$
1	2	8	7	1.14
2	4	64	49	1.31
10	1024	$10.7*10^8$	$2.8*10^8$	3.82
16	65536	$2.8*10^{14}$	$3.3*10^{13}$	8.47

Die Schranke $O(n^{2.81})$ ist in neueren Arbeiten <Copp87> auf $O(n^{2.376})$ gebracht worden. Die Verfahren eignen sich im Gegensatz zur Winograd-Identität nicht zur Parallelisierung auf Feldrechnern. Aus diesem Grund werden diese Arbeiten hier nicht weiter verfolgt. Sie sind jedoch im Literaturverzeichnis aufgeführt.

5.3.3 Der Algorithmus von Cannon

Nach den bisherigen theoretischen Untersuchungen wollen wir eine Realisierung betrachten. Ein Beispiel für die Matrizenmultiplikation haben wir bereits in 5.4.5.3 kennengelernt. Der Algorithmus von Cannon <Henn84>, der ähnlich funktioniert, aber statt mit Datenvervielfachung mit Verschieben der Daten arbeitet, eignet sich zur Implementierung sowohl auf Feldrechnern als auch auf Multiprozessoren.

Wir betrachten wieder die Matrizenmultiplikation $C = A * B$. Die Dimension der Matrizen sei n.

Schritt 1:

In A wird die i-te Zeile um i-1 Positionen zyklisch nach links geschoben für $1 \leq i \leq n$.

In B wird die i-te Spalte um i-1 Positionen zyklisch nach oben geschoben für $1 \leq i \leq n$.

Als Resultat erhält man die Diagonalelemente von A und B in der 1. Spalte bzw. 1.Zeile.

Schritt 2:

Elementweise Multiplikation von $A * B$ und Addition in C. Zu Beginn werden allen Elemente von C gleich Null gesetzt.

$$C = C + A * B$$

Schritt 3:

Verschiebe alle Zeilen von A zyklisch um eine Stelle nach rechts,

verschiebe alle Spalten von B zyklisch um eine Stelle nach unten.

Falls nicht bereits der n-te Berechnungsvorgang, dann weiter mit Schritt 2.

Es gilt $\qquad T_p(n) = O(n)$ mit $p = n^2$

Beispiel:

Betrachten wir die (3x3)-Matrizen A und B

$$A = \begin{pmatrix} a_{11} & a_{12} & a_{13} \\ a_{21} & a_{22} & a_{23} \\ a_{31} & a_{32} & a_{33} \end{pmatrix} \qquad B = \begin{pmatrix} b_{11} & b_{12} & b_{13} \\ b_{21} & b_{22} & b_{23} \\ b_{31} & b_{32} & b_{33} \end{pmatrix}$$

Nach Ausführung von Schritt 1 erhalten wir:

$$A = \begin{pmatrix} a_{11} & a_{12} & a_{13} \\ a_{22} & a_{23} & a_{21} \\ a_{33} & a_{31} & a_{32} \end{pmatrix} \qquad B = \begin{pmatrix} b_{11} & b_{22} & b_{33} \\ b_{21} & b_{32} & b_{13} \\ b_{31} & b_{12} & b_{23} \end{pmatrix}$$

Schritt 2:

$$C = \begin{pmatrix} a_{11}b_{11} & a_{12}b_{22} & a_{13}b_{33} \\ a_{22}b_{21} & a_{23}b_{32} & a_{21}b_{13} \\ a_{33}b_{31} & a_{31}b_{12} & a_{32}b_{23} \end{pmatrix}$$

Schritt 3:

$$A = \begin{pmatrix} a_{13} & a_{11} & a_{12} \\ a_{21} & a_{22} & a_{23} \\ a_{32} & a_{33} & a_{31} \end{pmatrix} \qquad B = \begin{pmatrix} b_{31} & b_{12} & b_{23} \\ b_{11} & b_{22} & b_{33} \\ b_{21} & b_{32} & b_{13} \end{pmatrix}$$

Schritt 2:

$$C = \begin{pmatrix} a_{11}b_{11}+a_{13}b_{31} & a_{12}b_{22}+a_{11}b_{12} & a_{13}b_{33}+a_{12}b_{23} \\ a_{22}b_{21}+a_{21}b_{11} & a_{23}b_{32}+a_{22}b_{22} & a_{21}b_{13}+a_{23}b_{33} \\ a_{33}b_{31}+a_{32}b_{21} & a_{31}b_{12}+a_{33}b_{32} & a_{32}b_{23}+a_{31}b_{13} \end{pmatrix}$$

Schritt 3:

$$A = \begin{pmatrix} a_{12} & a_{13} & a_{11} \\ a_{23} & a_{21} & a_{22} \\ a_{31} & a_{32} & a_{33} \end{pmatrix} \qquad B = \begin{pmatrix} b_{21} & b_{32} & b_{13} \\ b_{31} & b_{12} & b_{23} \\ b_{11} & b_{22} & b_{33} \end{pmatrix}$$

Schritt 2:

$$C = \begin{pmatrix} a_{11}b_{11}+a_{13}b_{31}+a_{12}b_{21} & a_{12}b_{22}+a_{11}b_{12}+a_{13}b_{32} & a_{13}b_{33}+a_{12}b_{23}+a_{11}b_{13} \\ a_{22}b_{21}+a_{21}b_{11}+a_{23}b_{31} & a_{23}b_{32}+a_{22}b_{22}+a_{21}b_{12} & a_{21}b_{13}+a_{23}b_{33}+a_{22}b_{23} \\ a_{33}b_{31}+a_{32}b_{21}+a_{31}b_{11} & a_{31}b_{12}+a_{33}b_{32}+a_{32}b_{22} & a_{32}b_{23}+a_{31}b_{13}+a_{33}b_{33} \end{pmatrix}$$

Dies ist das gewünschte Ergebnis C = A * B.

5.3.4 Berechnung von A^n

Will man die n-te Potenz einer Matrix berechnen, so kann man sich des Verfahrens in 5.5.1 bedienen. Man erhält dann als Komplexitätsmaß

$$T_p = ld(n) * T_{p'}(A^2)$$

Dabei ist $T_{p'}(A^2)$ das Komplexitätsmaß für die Matrizenmultiplikation A * A.

5.4 Transponieren von Matrizen

Wir haben in Kapitel III gesehen, daß das Transponieren im wesentlichen Transportvorgänge beinhaltet und damit kaum von der Prozessorleistung, sondern von der Leistung der Kommunikationsmechanismen abhängt. Nach unserer Definition des Idealprozessors wäre der Aufwand für das Transponieren gleich Null.

Wir wollen hier unabhängig von einer bestimmten Implementierung einen Algorithmus zum Transponieren von Matrizen angeben.

Betrachten wir die Matrix A mit der Dimension 2^n, die zeilenweise im Speicher abgelegt ist und stellen wir demgegenüber die Speicherablage der transponierten Matrix A^T.

$$A \quad a_{11} \; a_{12} \; a_{13} \ldots\ldots a_{12^n} \; a_{21} \; \ldots\ldots a_{22^n} \ldots\ldots\ldots a_{2^n 2^n}$$

$$A^T \quad a_{11} \; a_{21} \; a_{31} \ldots\ldots a_{2^n 1} \; a_{12} \; \ldots\ldots a_{2^n 2} \ldots\ldots\ldots a_{2^n 2^n}$$

Bestimmen wir den Abstand des Elements a_{ij} vom Element a_{11} in A, dann erhalten wir $d = (i-1)*2^n + (j-1)$.

Für A^T erhalten wir $d_T = (j-1)*2^n + (i-1)$.

Betrachten wir nun ein Register, das aus 2n Bitstellen besteht.

Die binäre Darstellung von i-1 sei $(i_{n-1}, i_{n-2}, \ldots\ldots, i_1, i_0)$ und von j-1 $(j_{n-1}, j_{n-2}, \ldots\ldots, j_1, j_0)$.

Legen wir i-1 und j-1 hintereinander im Register ab, so ist der Wert gleich d.

$$d = (i_{n-1}, i_{n-2}, \ldots\ldots\ldots, i_1, i_0, j_{n-1}, j_{n-2}, \ldots\ldots\ldots, j_1, j_0)$$

Wenden wir den in Kapitel III unter 4.1.2 dargestellten Perfect Shuffle n mal an, dann erhalten wir

$$d_T = (j_{n-1}, j_{n-2}, \ldots\ldots\ldots, j_1, j_0, i_{n-1}, i_{n-2}, \ldots\ldots\ldots, i_1, i_0)$$

Wir sehen, daß wir das Transponieren einer Matrix sehr gut mit einem Perfect Shuffle Netzwerk, das n mal durchlaufen wird, erreichen können.

5.5 Lösung von Gleichungssystemen

Bei der Lösung von Gleichungssystemen bzw. bei der Invertierung von Matrizen unterscheidet man zwei Gruppen von Algorithmen, die direkten und die iterativen Verfahren. Abhängig von der Größe und der Art des Gleichungssystems, wie z.B. vollbesetzte Matrizen oder Tridiagonalmatrizen, können einmal direkte Verfahren (bei kleinen Systemen) oder zum anderen iterative Verfahren besser sein.
Wir wollen hier eine Auswahl von Algorithmen kennenlernen, die sich zur Implementierung auf Parallelrechnern eignen.

5.5.1 Direkte Verfahren

Das bekannteste direkte Verfahren ist die Gauß-Elimination. Betrachten wir das lineare Gleichungssystem $Ax = b$ mit $\dim(A) = n$.

Beim Gauß-Verfahren werden n-1 Rechenschritte durchlaufen, um von $Ax = b$ zu einem Gleichungssystem $Dx = b'$ zu kommen, wobei D eine obere Dreiecksmatrix ist. Durch Rücksubstitution lassen sich dann die x_i bestimmen.

Rechenschritt k ($1 \leq k < n$):

$$a_{km} = a_{km}/a_{kk} \; ; \; b_k = b_k/a_{kk} \qquad \text{für } k \leq m \leq n$$

$$a_{lm} = a_{lm} - a_{lk}*a_{km} \qquad \text{für } k < l \leq n, \; k \leq m \leq n$$

$$b_l = b_l - a_{lk}*b_k \qquad \text{für } k < l \leq n$$

Nach n-1 Rechenschritten erhält man dann die Dreiecksmatrix

$$D = \begin{bmatrix} d_{11} & d_{12} & \cdots\cdots\cdots\cdots & d_{1,n-1} & d_{1n} \\ 0 & d_{22} & \cdots\cdots\cdots\cdots & d_{2,n-1} & d_{2n} \\ 0 & 0 & d_{33}\cdots\cdots\cdots & d_{3,n-1} & d_{3n} \\ & \cdots\cdots\cdots\cdots\cdots\cdots & & & \\ 0 & 0 & 0 \cdots\cdots\cdots 0 & & d_{nn} \end{bmatrix}$$

Aus $d_{nn}x_n = b_n$ läßt sich unmittelbar x_n berechnen und durch Einsetzen von x_n in die vorletzte Zeile x_{n-1} usw.

Dieses Verfahren ist hinsichtlich der Anzahl der auszuführenden Rechenoperationen für serielle Rechner optimal. Es gilt $T_1 = O(n^3)$.

Für Parallelrechner ist das Verfahren ungenügend, da im Laufe der Berechnungen immer weniger Operationen ausgeführt werden. Durch eine kleine Modifikation kommen wir von der Gauß-Elimination zum Verfahren von Gauß-Jordan.

Rechenschritt k ($1 \leq k < n$):

$$a_{km} = a_{km}/a_{kk}, \; b_k = b_k/a_{kk} \quad \text{für } k \leq m \leq n$$
$$a_{lm} = a_{lm} - a_{lk}*a_{km} \quad \text{für } 1 \leq l \leq n, \; k \leq m \leq n, \; k \neq l$$
$$b_l = b_l - a_{lk}*b_k \quad \text{für } 1 \leq l \leq n, \; k \neq l$$

Nach n Rechenschritten erhält man aus dem Gleichungssystem Ax=b das System Ix=b' mit I als Einheitsmatrix. Das bedeutet, daß die Lösung x = b' ist. Es entfällt hier die Rücksubstitution.

Das Gauß-Jordan-Verfahren eignet sich insbesondere auch dann, wenn man das Gleichungssystem für mehrere rechte Seiten b_i lösen will.

Wir bekommen dann ein Gleichungssystem Ax=B und führen den obigen Rechenschritt auf allen Spalten von B aus.

Mit dieser Methode können wir auch A^{-1} berechnen.

Wir starten mit dem Gleichungssystem Ax=I (I ist die Einheitsmatrix) und erhalten nach n Schritten Ix=A^{-1}.

Bei beiden Verfahren führt man aus Stabilitätsgründen eine Pivotsuche durch, d.h. man sucht das betragsmäßig größte Element in der k-ten Spalte und vertauscht dann die Zeilen. Hier tritt zusätzlich ein Suchaufwand auf.

Ein weiteres Verfahren, das sich dadurch auszeichnet, daß für einen Berechnungsschritt nur ein Teil der Zeilen und Spalten gebraucht wird, ist die <u>Methode von Sherman und Morrison</u> <Sher49>.

Gesucht wird das Inverse B^{-1} einer Matrix B der Dimension n. Man geht davon aus, daß es eine Matrix A der Dimension n gibt, deren Inverses A^{-1} bekannt ist. Dies gilt unter anderem für die Einheitsmatrix I.

Es gilt: $A = I = I^{-1} = A^{-1}$.

Durch schrittweises Ersetzen der Spalten in I durch Spalten von B und Neuberechnung des Inversen erhält man nach n Rechenschritten B^{-1}.

Der k-te Rechenschritt sieht folgendermaßen aus:

1. In A wird die k-te Spalte durch die k-te Spalte von B ersetzt und der Hilfsvektor V berechnet mit

$$v_i = \sum_{j=1}^{k-1} a_{ij}^{-1} b_{jk} + \begin{cases} 0 & \text{für } i < k \\ b_{ik} & \text{für } i \geq k \end{cases}$$

2. Berechnung des Inversen

$$b_{ij}^{-1} = \begin{cases} 1/v_k & i=j=k \\ a_{ij}^{-1}/v_k & i=k \\ -v_i/v_k & j=k,\ i\neq k \\ a_{ij}^{-1} - a_{kj}^{-1} v_i/v_k & i\neq k,\ j\neq k \end{cases} \left. \begin{matrix} \\ \\ \\ \\ \end{matrix} \right\} \begin{matrix} 1\leq i\leq n \\ \\ 1\leq j<k \end{matrix}$$

3. $A^{-1} = B^{-1}$

Auch bei diesem Verfahren kann man eine Pivotsuche einführen.

Dies führt dazu, daß das Inverse nicht spaltenweise fortlaufend aufgebaut wird. Man muß sich dies merken und nach
n Berechnungsschritten die Matrix spaltenweise neu ordnen.
Das Verfahren von Sherman-Morrison eignet sich besonders
für die Behandlung von sehr großen Matrizen, weil für jeden
Rechenschritt nur Teile der Matrix gebraucht werden. Dies
ist besonders dann vorteilhaft, wenn die Daten asynchron
zur Berechnung vom Hintergrundspeicher nachgeladen bzw.
dorthin ausgelagert werden können <Erha86>.

Weitere direkte Verfahren sind der Algorithmus von Csanky
<Csan76>, der allerdings $n^4/4$ Prozessoren voraussetzt und
damit nur von theoretischem Interesse ist, das Verfahren
von Cholesky <Wilk71> und die Faktorisierung von Crout
<Wilk71>, die beide auf der Zerlegung der ursprünglichen
Matrix in Dreiecksmatrizen beruhen. Sie sind wegen der
schwachen Auslastung des Prozessorfeldes für Parallelverarbeitung kaum geeignet.

5.5.2 Tridiagonalmatrizen

Eine spezielle Form der direkten Verfahren, die für
Parallelrechner sehr gut geeignet ist, ergibt sich bei der
Behandlung von Tridiagonalmatrizen. Bei der Diskretisierung
der eindimensionalen Poisson-Gleichung entstehen
Gleichungssysteme Ax=y mit A in folgender Form:

$$\begin{pmatrix} b_1 & c_1 & & & & & & \\ a_2 & b_2 & c_2 & & & & & \\ & & \cdot & \cdot & \cdot & & & \\ & & & \cdot & \cdot & \cdot & & \\ & & a_{i-1} & b_{i-1} & c_{i-1} & & & \\ & & & a_i & b_i & c_i & & \\ & & & & a_{i+1} & b_{i+1} & c_{i+1} & \\ & & & & & \cdot & \cdot & \cdot \\ & & & & & & \cdot & \cdot & \cdot \end{pmatrix}$$

Bild 58

Man bezeichnet solche Matrizen, bei denen nur die Haupt-
und zwei Nebendiagonalen besetzt sind, als Tridiagonalmatrizen.

Für serielle Rechner nimmt dabei die Gauß-Elimination eine
besonders einfache Form an und wir erhalten als Komplexität

$$T_1 = O(n).$$

Für Parallelrechner wenden wir das Prinzip der zyklischen
Reduktion an und erhalten als Komplexität

$$T_p = O(\text{ld}\,n) \quad \text{mit } P=n^2.$$

Betrachten wir hierzu das Gleichungssystem Ax=y mit A als
Tridiagonalmatrix.

Wir erhalten für die i-te Zeile der Matrix die Gleichung

$$(1) \qquad a_i x_{i-1} + b_i x_i + c_i x_{i+1} = y_i$$

Für i-1 und i+1 erhalten wir analog

$$(2) \qquad a_{i-1}x_{i-2} + b_{i-1}x_{i-1} + c_{i-1}x_i = y_{i-1}$$

$$(3) \qquad a_{i+1}x_i + b_{i+1}x_{i+1} + c_{i+1}x_{i+2} = y_{i+1}$$

Lösen wir (2) nach x_{i-1} und (3) nach x_{i+1} auf, so erhalten wir

$$(4) \qquad x_{i-1} = y_{i-1}/b_{i-1} - (a_{i-1}/b_{i-1})x_{i-2} - (c_{i-1}/b_{i-1})x_i$$

$$(5) \qquad x_{i+1} = y_{i+1}/b_{i+1} - (a_{i+1}/b_{i+1})x_i - (c_{i+1}/b_{i+1})x_{i+2}$$

Einsetzen von (4) und (5) in (1) und Umordnen ergibt

$$(6) \qquad -\frac{a_i a_{i-1}}{b_i b_{i-1}} x_{i-2} + \left(1 - \frac{a_i c_{i-1}}{b_i b_{i-1}} - \frac{c_i a_{i+1}}{b_i b_{i+1}}\right) x_i - \frac{c_i c_{i+1}}{b_i b_{i+1}} x_{i+2}$$

$$= \frac{y_i}{b_i} - \frac{a_i y_{i-1}}{b_i b_{i-1}} - \frac{c_i y_{i+1}}{b_i b_{i+1}}$$

Man sieht, daß in dieser Gleichung neben x_i nur x_{i-2} und x_{i+2} vorkommen. Übertragen auf unsere Tridiagonalmatrix bedeutet dies, daß die Nebendiagonalen um eine Position nach außen gerutscht sind.

Wenn man dieses Verfahren wiederholt anwendet, dann besteht unsere ursprüngliche Tridiagonalmatrix nach ld(n) Schritten nur noch aus einer Hauptdiagonalen. Damit haben wir das Gleichungssystem gelöst <Erha84>.

Wir wollen uns dies am Beispiel einer 8x8-Tridiagonalmatrix verdeutlichen:

$$\begin{pmatrix} b_1 & c_1 & 0 & 0 & 0 & 0 & 0 & 0 \\ a_2 & b_2 & c_2 & 0 & 0 & 0 & 0 & 0 \\ 0 & a_3 & b_3 & c_3 & 0 & 0 & 0 & 0 \\ 0 & 0 & a_4 & b_4 & c_4 & 0 & 0 & 0 \\ 0 & 0 & 0 & a_5 & b_5 & c_5 & 0 & 0 \\ 0 & 0 & 0 & 0 & a_6 & b_6 & c_6 & 0 \\ 0 & 0 & 0 & 0 & 0 & a_7 & b_7 & c_7 \\ 0 & 0 & 0 & 0 & 0 & 0 & a_8 & b_8 \end{pmatrix} \Rightarrow \begin{pmatrix} b_1 & 0 & c_1 & 0 & 0 & 0 & 0 & 0 \\ 0 & b_2 & 0 & c_2 & 0 & 0 & 0 & 0 \\ a_3 & 0 & b_3 & 0 & c_3 & 0 & 0 & 0 \\ 0 & a_4 & 0 & b_4 & 0 & c_4 & 0 & 0 \\ 0 & 0 & a_5 & 0 & b_5 & 0 & c_5 & 0 \\ 0 & 0 & 0 & a_6 & 0 & b_6 & 0 & c_6 \\ 0 & 0 & 0 & 0 & a_7 & 0 & b_7 & 0 \\ 0 & 0 & 0 & 0 & 0 & a_8 & 0 & b_8 \end{pmatrix} \Rightarrow$$

$$\begin{pmatrix} b_1 & 0 & 0 & 0 & c_1 & 0 & 0 & 0 \\ 0 & b_2 & 0 & 0 & 0 & c_2 & 0 & 0 \\ 0 & 0 & b_3 & 0 & 0 & 0 & c_3 & 0 \\ 0 & 0 & 0 & b_4 & 0 & 0 & 0 & c_4 \\ a_5 & 0 & 0 & 0 & b_5 & 0 & 0 & 0 \\ 0 & a_6 & 0 & 0 & 0 & b_6 & 0 & 0 \\ 0 & 0 & a_7 & 0 & 0 & 0 & b_7 & 0 \\ 0 & 0 & 0 & a_8 & 0 & 0 & 0 & b_8 \end{pmatrix} \Rightarrow \begin{pmatrix} b_1 & 0 & 0 & 0 & 0 & 0 & 0 & 0 \\ 0 & b_2 & 0 & 0 & 0 & 0 & 0 & 0 \\ 0 & 0 & b_3 & 0 & 0 & 0 & 0 & 0 \\ 0 & 0 & 0 & b_4 & 0 & 0 & 0 & 0 \\ 0 & 0 & 0 & 0 & b_5 & 0 & 0 & 0 \\ 0 & 0 & 0 & 0 & 0 & b_6 & 0 & 0 \\ 0 & 0 & 0 & 0 & 0 & 0 & b_7 & 0 \\ 0 & 0 & 0 & 0 & 0 & 0 & 0 & b_8 \end{pmatrix}$$

Nach $3 = \mathrm{ld}(8)$ Schritten enthält die Matrix nur noch die Hauptdiagonale.

5.5.3 Große Matrizen

Wir sind bisher stillschweigend davon ausgegangen, daß wir immer genügend Prozessoren zur Berechnung zur Verfügung haben und daß sich insbesondere die Matrizen ohne Probleme auf unsere parallele Struktur abbilden lassen. Das ist jedoch nicht immer der Fall. Dies gilt vor allem dann, wenn die Dimension des Gleichungssystems größer ist als die Dimension der Prozessormatrix bei einem Feldrechner.

Es gibt aber Zerlegungsmöglichkeiten, die abhängig vom verwendeten Algorithmus vom Benutzer eingesetzt werden können. Jeder Rechenschritt muß dann z-mal durchgeführt werden, wobei z die Anzahl der Teilmatrizen ist, die durch eine Zerlegung entstehen. Zusätzlich muß eine Behandlung der Ränder der Teilmatrizen vorgenommen werden und eventuell müssen zwischen den Teilmatrizen Daten ausgetauscht werden.

Jede Teilmatrix läßt sich nach der Zerlegung dann von den vorhandenen Prozessoren oder dem Prozessorfeld bearbeiten.

Im folgenden wollen wir drei für Feldrechner geeignete Zerlegungsmöglichkeiten betrachten, das <u>Slicing</u>, das <u>Crinkling</u> und das <u>Cracking</u> <Erha86>.

Slicing:

Betrachten wir eine 64x64-Matrix, die von einem Prozessorfeld mit 32x32 Prozessoren bearbeitet werden soll. Wir zerschneiden die Matrix in vier gleiche Teile und erhalten damit Teilmatrizen der Dimension 32. Diese Teilmatrizen können vom Prozessorfeld bearbeitet werden (Bild 59,60).

Crinkling:

Während beim Slicing die Zerlegung in Teilmatrizen regelmäßiger erscheint und damit leichter programmiert werden kann, wird beim Crinkling (Zusammenknüllen) auf Nachbarschaftsbeziehungen Rücksicht genommen. Dies bedeutet, daß Elemente, die Nachbarn in der Matrix sind, auch vom selben Prozessor bearbeitet werden. Dadurch werden eventuell Transportvorgänge eingespart (Bild 61,62).

<u>Slicing:</u>

Die Matrix

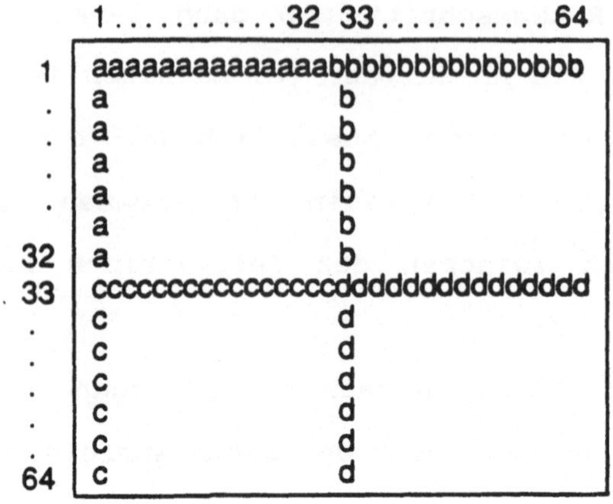

<pre>
      1..........32 33..........64
    ┌─────────────────────────────┐
  1 │ aaaaaaaaaaaaaaabbbbbbbbbbbbbb │
  . │ a   b   │
  . │ a   b   │
  . │ a   b   │
  . │ a   b   │
    │ a   b   │
 32 │ a   b   │
 33 │ cccccccccccccccddddddddddddd │
  . │ c   d   │
  . │ c   d   │
  . │ c   d   │
  . │ c   d   │
  . │ c   d   │
 64 │ c   d   │
    └─────────────────────────────┘
</pre>

Bild 59

wird zerlegt in die 4 Teilmatrizen

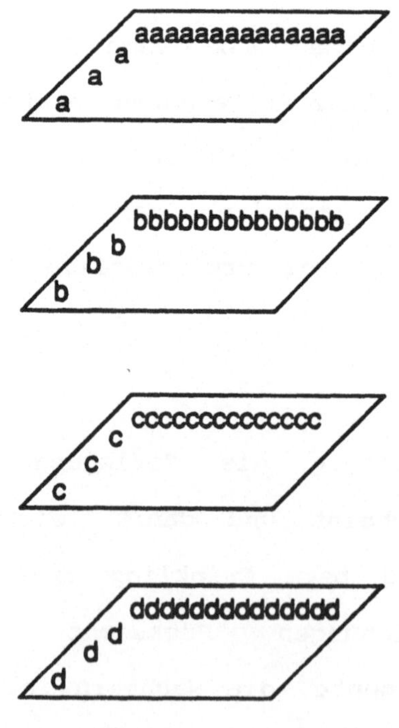

Bild 60

<u>**Crinkling:**</u>

Die Matrix

```
        1..........32 33..........64
    ┌──────────────────────────────────┐
  1 │ abababababababababababababababab  │
    │ cdcdcdcdcdcdcdcdcdcdcdcdcdcdcdcd  │
  . │ ab              b                │
  . │ cd              b                │
  . │ ab              b                │
 32 │ cd              b                │
 33 │ abababababababababababababababab │
    │ cdcdcdcdcdcdcdcdcdcdcdcdcdcdcdcd │
  . │ ab              ab               │
  . │ cd              cd               │
  . │ ab              ab               │
 64 │ cd              cd               │
    └──────────────────────────────────┘
```

Bild 61

wird zerlegt in die 4 Teilmatrizen

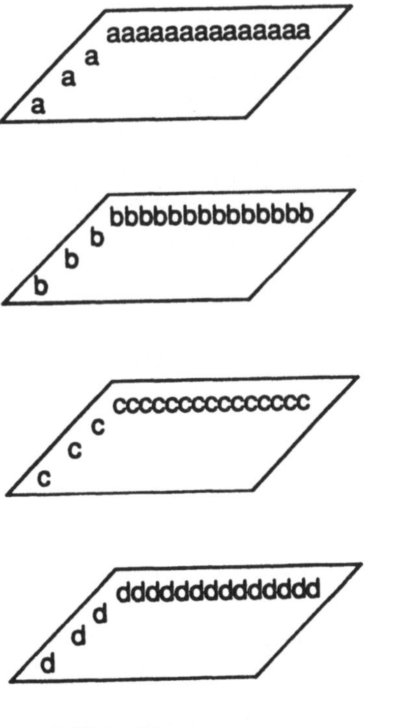

Bild 62

<u>Cracking:</u>

Das Cracking ist eine Modifikation des Slicing und eignet sich für Algorithmen, die Matrizen zeilen- oder spaltenweise bearbeiten wie dies z.B. beim Verfahren von Sherman-Morrison der Fall ist.

Mit dem Cracking erreicht man, daß eine Spalte x in m aufeinander folgenden Ebenen und eine Zeile y in m Ebenen mit jeweils Abstand m abgelegt werden. Damit hat man eine klare Anordnung der Matrix sowohl für die Adressierung einzelner Spalten als auch einzelner Zeilen.

Sei A eine Matrix der Dimension 32*m.

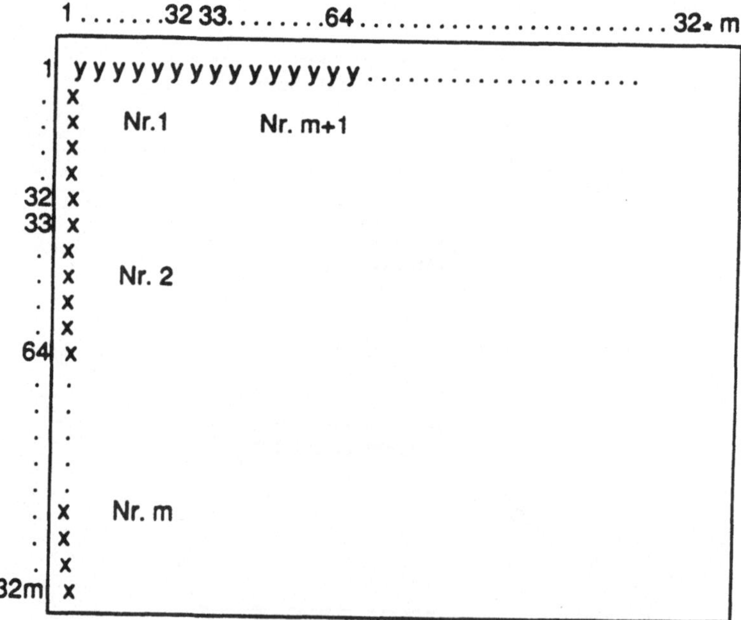

Bild 63

wird zerlegt in m^2 Teilmatrizen der Dimension 32

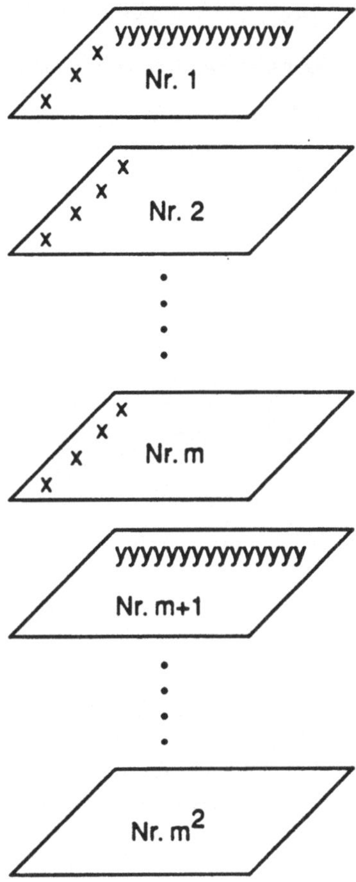

Bild 64

5.5.4 Iterative Verfahren

Die Rechenzeit bei direkten Verfahren ist proportional zur
Dimension n des Gleichungssystems. Das kann bei großem n
dazu führen, daß die benötigte Rechenzeit sehr groß wird.
Ein zweites Problem ist die Genauigkeit der Ergebnisse.

Bei schlecht konditionierten Matrizen kann es bei einer großen Anzahl von Rechenschritten zu Ungenauigkeiten kommen, die die Ergebnisse stark verfälschen.

Die Rechenzeiten bei iterativen Verfahren hängen im wesentlichen von der Konvergenzgeschwindigkeit der ausgewählten Algorithmen und nur zum Teil von der Größe der Gleichungssysteme ab.

Betrachten wir als Beispiel das Problem der Poisson-Gleichung im zweidimensionalen Fall.

$$\frac{d^2T}{dx^2} + \frac{d^2T}{dy^2} = Q$$

Die Differenzengleichung in einem zweidimensionalen Gitter hierfür lautet

$$T_{i,j-1} + T_{i-1,j} - 4T_{i,j} + T_{i,j+1} + T_{i+1,j} = Q_{i,j}$$

mit folgender Anordnung der Punkte im Gitter:

$$
\begin{array}{ccc}
 & T_{i-1,j} & \\
 & | & \\
T_{i,j-1} & \!\!- T_{i,j} -\!\! & T_{i,j+1} \\
 & | & \\
 & T_{i+1,j} &
\end{array}
$$

Ein mögliches iteratives Verfahren hierzu ist die <u>Punkt-Jacobi</u>-Methode. Man geht von einer bekannten Näherungslösung $T_{i,j}^{(p)}$ aus und berechnet die neue Lösung

$$T_{i,j}^{(p+1)} = 0.25(T_{i,j-1}^{(p)} + T_{i-1,j}^{(p)} + T_{i,j+1}^{(p)} + T_{i+1,j}^{(p)} - Q_{i,j})$$

Am Beispiel des DAP sehen wir, daß das Programm hierfür sehr einfach ist und nur aus einer Zeile besteht:

$$T=0.25*(T(,-)+T(-,)+T(,+)+T(+,)-Q)$$

Dabei bedeutet $T(,-)$, daß die Matrix T, bevor sie in die Berechnung eingeht, um eine Position nach Osten geschoben wird.

Die anderen Verschiebungen ergeben sich analog.

In der obigen Programmzeile sind drei Additionen notwendig.

Mit einem kleinen Trick kommt man mit zwei Additionen aus und erhält:

$$T=T(,-)+T(-,)$$
$$T=0.25*(T+T(+,+)-Q)$$

Der Nachteil dieser Methode ist die geringe Konvergenzgeschwindigkeit und der Speicheraufwand, da sowohl die Werte der p-ten als auch der p+1-ten Iteration gespeichert werden müssen.

Eine Verbesserung bringt das <u>Gauß-Seidel-Verfahren</u>, mit dem sowohl die Konvergenzgeschwindigkeit verbessert wird als auch der Speicherplatzbedarf halbiert wird.

Für die Berechnung von $T_{i,j}^{(p+1)}$ zieht man sowohl Werte der p-ten als auch der p+1-ten Iteration heran.

$$T_{i,j}^{(p+1)} = 0.25(T_{i,j-1}^{(p+1)}+T_{i-1,j}^{(p+1)}+T_{i,j+1}^{(p)}+T_{i+1,j}^{(p)}-Q_{i,j})$$

An jedem Punkt hängt der neue Wert von zwei alten und zwei neuen Werten ab. Realisiert man diesen Algorithmus auf einem Feldrechner, dann kann man nicht alle Punkte simultan berechnen.

Die Berechnung zeigt das folgende Schema:

```
1 2 3 4 5 6 7
2 3 4 5 6 7
3 4 5 6 7
4 5 6 7
5 6 7
6 7
7
```

Es wird daher wie folgt gerechnet:

1. Erneuere den Eckpunkt 1

2. Berechne die Punkte 2

3. Berechne die Punkte 3 und gleichzeitig die nächste Iteration für den Punkt 1

4. Berechne die Punkte 4 und gleichzeitig die nächste Iteration der Punkte 2 usw.

Die Iterationen laufen wellenförmig über die Prozessormatrix. Da abwechselnd die geraden und ungeraden Punkte berechnet werden, kann man zwei Iterationsstufen, Schwarz und Weiß, definieren.

Die Berechnung läuft dann wie auf einem Schachbrett ab. Im ersten Halbschritt werden alle Punkte auf weißen Feldern, im zweiten Halbschritt alle Punkte auf schwarzen Feldern berechnet.

An Feldrechnern erreicht man dies durch eine entsprechende Maskierung. Da man für die Berechnung von $T_{i,j}$ neben zwei alten auch zwei neue Iterationswerte verwendet, ist die Konvergenzgeschwindigkeit besser als beim einfachen Punkt-Jacobi-Verfahren.

Das Programmbeispiel am DAP sieht folgendermaßen aus:

```
WHITE=ALTC(1).LEQ.ALTR(1)
BLACK=.NOT.WHITE
T(BLACK)=0.25*(T(-,)+T(,-)+T(+,)+T(,+)-Q)
T(WHITE)=0.25*(T(-,)+T(,-)+T(+,)+T(,+)-Q)
```

In der ersten Programmzeile wird eine logische Matrix erzeugt, die den Wert TRUE hat an allen Stellen, die den weißen Feldern eines Schachbretts entsprechen. In der zweiten Zeile erhält BLACK die Werte TRUE an den Stellen, die den schwarzen Feldern entsprechen.
In der dritten und vierten Programmzeile wird die Berechnung durch die implizite Maskierung nur auf den weißen bzw. schwarzen Feldern durchgeführt. Dies entspricht dem obigen Berechnungsschema.

Die Konvergenzgeschwindigkeit weiter verbessern kann man mit den SOR (Successive Overrelaxation)-Verfahren.
Sie sind eine Variante der Gauß-Seidel-Methode und benötigen den Relaxationsparameter ω.
Die Berechnungsvorschrift lautet:

$$T^{(p+1)} = T^{(p)} + \omega * T$$

Dabei ist T betragsmäßig der Änderungswert, der sich durch einen Gauß-Seidel-Schritt ergeben hätte.

Mit $T = T_{GS} - T^{(p)}$ erhält man

$$T^{(p+1)} = (1-\omega)T^{(p)} + \omega T_{GS}$$
$$= (1-\omega)T^{(p)} + 0.25 * \omega * (T_{i,j-1}^{(p+1)} + T_{i-1,j}^{(p+1)} + T_{i,j+1}^{(p)} + T_{i+1,j}^{(p)} - Q_{i,j})$$

Es wurde in der Literatur gezeigt, daß das Verfahren für $\omega < 2$ konvergiert <Schw68>.

Es ist nicht einfach, für jeden Fall ein optimales ω zu finden, um eine schnelle Konvergenz zu erreichen.

Den Zusammenhang zwischen der Konvergenzgeschwindigkeit und dem Relaxationsparameter ω zeigt das folgende Bild:

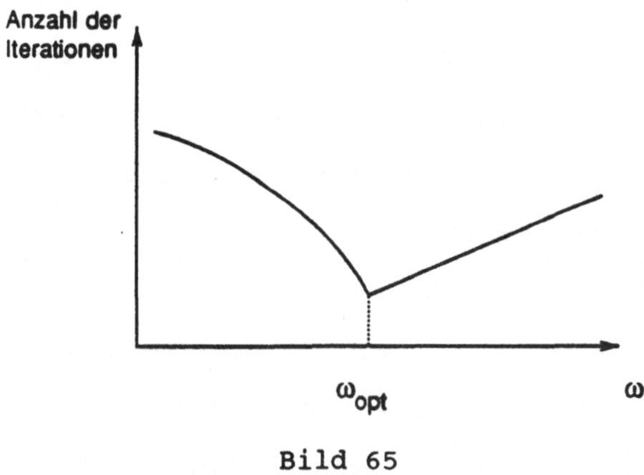

Bild 65

5.5.5 Kombinierte Methoden

Bei der Lösung von Differentialgleichungen muß man nicht zwischen direkten und iterativen Lösungsmethoden wählen, man kann beide Arten auch kombinieren.

Man kann das zweidimensionale Gitter, das man zur Diskretisierung benutzt, auch als eine Menge von eindimensionalen Spalten sehen, die lose über die Zeilen gekoppelt sind.

Für eine Spalte j erhält man dann die Gleichung

$$T_{i-1}^{(p+1)} - 2T_i^{(p+1)} + T_{i+1}^{(p+1)} = Q_i$$

Diese Gleichungen können mit Hilfe der zyklischen Reduktion
aus 5.5.5.3 direkt gelöst werden.

Koppelt man die Spalten lose über die Zeilen, dann erhält
man

$$T_{i-1,j}^{(p+1)} - 4T_{i,j}^{(p+1)} + T_{i-1,j}^{(p+1)} = Q_{i,j} - T_{i,j-1}^{(p)} - T_{i,j+1}^{(p)}$$

Aus dieser Gleichung erhält man die Startwerte für die
zyklische Reduktion. Führt man hier ein schwarz/weiß Muster
für die Spalten ein, so rechnet man abwechselnd auf den
geraden bzw. ungeraden Spalten.

Man kann genauso die Zeilen eindimensional betrachten und
lose über die Spalten koppeln. In vielen Fällen hängt von
dieser Wahl die Konvergenzgeschwindigkeit ab. Da man aber
normalerweise nicht weiß, welche Kopplung, ob über Zeilen
oder Spalten, man auswählen soll, geht man zu den
ADI(Alternative Direction Implicit)-Verfahren über.

In dieser Methode werden beide Möglichkeiten vereint und
man erhält

$$T_{i-1,j}^{(p+1/2)} - 2T_{i,j}^{(p+1/2)} + T_{i+1,j}^{(p+1/2)} + rT_{i,j}^{(p+1/2)}$$
$$= Q_{i,j} - T_{i,j-1}^{(p)} + 2T_{i,j}^{(p)} - T_{i,j+1}^{(p)} + rT_{i,j}^{(p)}$$

und

$$T_{i,j-1}^{(p+1)} - 2T_{i,j}^{(p+1)} + T_{i,j+1}^{(p+1)} + rT_{i,j}^{(p+1)}$$
$$= Q_{i,j} - T_{i-1,j}^{(p+1/2)} + 2T_{i,j}^{(p+1/2)} - T_{i+1,j}^{(p+1/2)}$$
$$+ rT_{i,j}^{(p+1/2)}$$

Dabei ist r der Iterationsparameter. Man kann die Konvergenzgeschwindigkeit bei diesem Verfahren noch erhöhen, in dem man mehrere Iterationsparameter r_i zyklisch verwendet.

Aus diesen grundlegenden Verfahren sind in den letzten Jahren eine Vielzahl weiterer Methoden entwickelt worden, die hier nicht näher diskutiert werden können.

Beispielhaft sollen hier nur noch die CG (Conjugate Gradient)-Verfahren und die Mehrgitter-Methoden genannt werden.

V. Leistungsbewertung von Parallelrechnern

In den bisherigen Kapiteln haben wir die Komponenten eines Parallelrechners kennengelernt, die im wesentlichen die Leistungsfähigkeit bestimmen:

Architektur, Kommunikation und Abbildung von Algorithmen

Die Komponente Betriebssystem haben wir hier nicht betrachtet. Sie geht aber auch in die Leistungsbewertung ein. Dies geschieht immer dann, wenn wir zur Leistungsbewertung Programme (Benchmarks) heranziehen.

Wir wollen aber zunächst generell Methoden zur Leistungsbewertung aufzeigen.

Für die Leistungsbewertung von seriellen Rechnern wurden im Lauf der Jahre zahlreiche Methoden entwickelt.

- Kenngrößen

    Vergleich von Kenngrößen der einzelnen Systeme, wie z.B. Taktzeit oder Speicherzugriffszeit

    Die Kenngrößen lassen einen Vergleich nur auf sehr elementarer Ebene zu und können nur einer ersten Orientierung dienen.

- Mixe

    Die Ausführungszeiten bestimmter Operationen werden mit der Auftrittswahrscheinlichkeit gewichtet und aufsummiert (Beispiel: GAMM-Mix)

    Wie bei den Kenngrößen erhält man mit den Mixen nur sehr einfache Vergleichszahlen.

- Benchmarks

  Man läßt komplette Programme oder Programmpakete, die das Anwenderprofil widerspiegeln auf den einzelnen Rechnern laufen und vergleicht die Ausführungszeiten.

  Hier werden neben der reinen Hardware auch Betriebssystemkomponenten in die Bewertung einbezogen (z.B. Speicherverwaltung, Speicherzugriffskonflikte, Indexrechnung bei Feldern, Genauigkeit von arithmetischen Operationen)

  Beispiele für Benchmarks sind der Whetstone- und Dhrystone-Benchmark oder das Linpack-Paket, das insbesondere Berechnungen aus der linearen Algebra enthält.

- Monitoring

  Beim Monitoring wird das Verhalten des Systems durch angeschlossene Monitore überwacht, aufgezeichnet und ausgewertet. Man unterscheidet hier Hardware- und Softwaremonitoring.

  Beim Hardwaremonitoring werden Informationen mit Meßfühlern an bestimmten Meßpunkten abgenommen, an einen externen Meßmonitor übertragen und ausgewertet. Hierzu ist normalerweise kein Eingriff in das System notwendig <Schr78>.

  Beim Softwaremonitoring werden Meßpakete in das System integriert. Diese zusätzliche Software beeinflußt aber das Ablaufverhalten im System, so daß die Meßergebnisse mehr oder minder verfälscht sein können. Es sind auch Mischformen zwischen Hardware- und Softwaremonitoring möglich.

- Modellierung

  Bei der Leistungsbewertung spielt das dynamische
  Ablaufgeschehen eine wichtige Rolle. Zur Untersuchung dieses Ablaufgeschehens werden Modelle entwickelt und mit Hilfe mathematischer Verfahren oder
  einer Simulation ausgewertet. Man unterscheidet
  <u>graphentheoretische Methoden</u>, wo das Ablaufgeschehen
  mit Hilfe von Knoten, Kanten und Flüssen dargestellt
  wird,
  <u>Transitionsnetze</u>, wie z.B. Petrinetze, deren Auswertung meist mit simulativen Verfahren geschieht,
  und <u>verkehrstheoretische Methoden</u>, wo eine
  Beschreibung mit Hilfe von Bedienungsmodellen
  und stochastischen Prozessen vorgenommen wird
  <Herz89>.

- Simulation

  Die Simulationsmethode findet häufig Anwendung bei
  der Bewertung von Rechner, die sich noch in der
  Entwurfsphase befinden. Man formuliert den
  Hardwareaufbau und den Ablauf im Rechner durch
  geeignete Entwurfssprachen wie z.B. ERES (<u>E</u>rlanger
  <u>R</u>echner-<u>E</u>ntwurfs-<u>S</u>prache) <Hart87> und läßt dieses
  Programm dann auf vorhandenen Rechnern ablaufen.

Es wäre an dieser Stelle zu aufwendig, auf Details bei der
Simulation, der Modellbildung und beim Monitoring
einzugehen. Hier wird auf die angegebene Literatur
verwiesen.

Die Leistungsbewertung paralleler Rechnerstrukturen und insbesondere ein Leistungsvergleich solcher Rechner aus unterschiedlichen Klassen ist außerordentlich schwierig und noch nicht ausreichend gelöst.

Eine große Rolle bei der Leistungsbewertung derartiger Rechner spielt die gestellte Aufgabe und der dazugehörige Lösungsalgorithmus.

Benchmarks in der bisherigen Form lassen nur wenig Vergleichsmöglichkeiten zu, da sie in keiner Weise die unterschiedlichen Strukturen von Parallelrechnern berücksichtigen.

Ein Vorschlag hierzu ist, die Benchmarks, die ja nur fertige Programme enthalten, in **Anforderungs-Benchmarks** überzuführen, die nur Problemstellungen enthalten.

Sinnvoll wäre es an dieser Stelle, die Anforderungen in einer rechnerunabhängigen Zwischensprache zu formulieren <Thal89>. Die Umsetzung am Zielrechner bleibt dann dem Hersteller vorbehalten. An dieser Stelle ist noch sehr viel Forschungsarbeit notwendig.

1. Definitionen

Um Vergleiche anhand von gewissen Grundgrößen vornehmen zu können, kann man zunächst Kenngrößen definieren.

Wir wollen zu Beginn nochmals die Arbeitsweise der verschiedenen Rechnertypen am Beispiel der Gleitpunktaddition gegenüberstellen.

Wir gehen davon aus, daß hierzu vier Taktzeiten (Anpassen der Mantissen, Addition, Normalisierung, Rundung) notwendig sind, wie dies in Kapitel II dargestellt wurde (Dabei entspricht ├──┤ einer Taktzeit).

<u>Serieller Rechner:</u>

4 Taktzeiten/Ergebnis

Bild 66

<u>Pipeline-Rechner:</u>

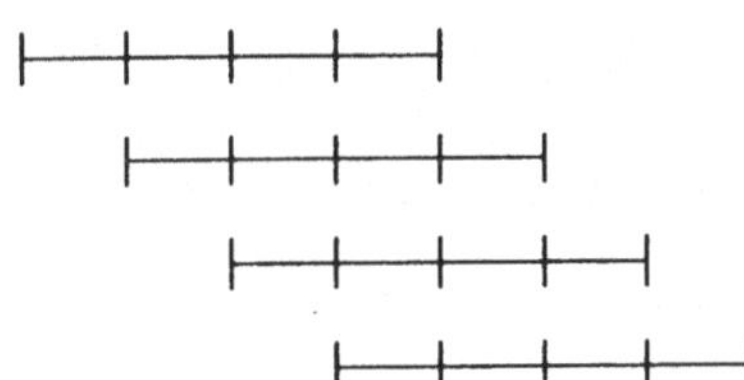

1 Taktzeit/Ergebnis

Bild 67

Feldrechner:

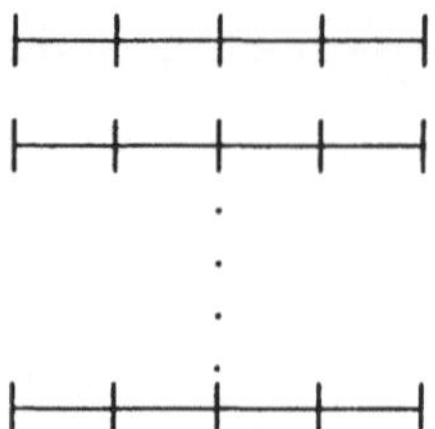

4 Taktzeiten/ N Ergebnisse mit N Prozessoren

Bild 68

Multiprozessoren:

In diesem speziellen Fall würden sie sich wie Feldrechner verhalten. Sie sind hier jedoch nur schwer zu vergleichen, da sie ganze Programmstücke verarbeiten und sich danach wieder synchronisieren.

1.1 Bearbeitungszeit

Unter Berücksichtigung des oben Gesagten läßt sich die Bearbeitungszeit für Vektoren für die verschiedenen Rechnertypen definieren.

Sei

L die Anzahl der notwendigen Schritte für eine Operation (im obigen Beispiel L=4),

t_a die Taktzeit des Rechners und

n die Länge des zu bearbeitenden Vektors.

Dann gilt:

$$t_{seriell} = Lt_a n$$

$$t_{pipe} = (s+L+(n-1))t_a \quad \text{mit } s \text{ Anzahl der Takte bis}$$
die Pipeline gefüllt ist und st_a Einschwingzeit der Pipeline

$$t_{feld} = Lt_a \lceil n/N \rceil \quad \text{mit } N \text{ Anzahl der Prozessoren}$$

$$t_{multi} = s_y t_m + \max_i (L_i t_{ai} n_i) \quad \text{mit } i=1,k \text{ Anzahl der}$$

Prozessoren eventuell unterschiedlichen Typs, L_i, t_{ai} und n_i die entsprechenden Angaben für jeden einzelnen Prozessor und $s_y t_m$ die Zeit für die Verteilung der Aufgaben auf die k Prozessoren und die Synchronisationszeit.

1.2 Maximalleistung

Damit ergibt sich für die einzelnen Rechnertypen folgende theoretische Maximalleistung:

$$r_{seriell} = (Lt_a)^{-1}$$

$$r_{pipe} = t_a^{-1}$$

$$r_{feld} = N/Lt_a \quad \text{mit } n \geq N$$

$$r_{multi} = \sum_{i=1}^{k} (L_i t_{ai})^{-1}$$

Diese theoretische Maximalleistung läßt sich im Betrieb nicht erreichen, da hier unendlich lange Vektoren vorausgesetzt werden.

Trotzdem erhält man mit diesen Formeln einen Vergleich elementarer Größen der verschiedenen Rechner. Durch die Berechnung von r wird jedoch nur die verwendete Technologie charakterisiert.

Um auch den Parallelismus der Architektur zu veranschaulichen, schlägt Hockney <Hock81> folgende Formel vor. Die Ausführungszeit einer arithmetischen Operation auf einem Vektor der Länge n sei definiert durch

$$t = (n + n_{1/2})/r$$

mit $n_{1/2}$ = die Vektorlänge, die notwendig ist, um die halbe Maximalleistung des Rechner zu erreichen. Damit erreicht man, daß auch <u>Betriebssystemkomponenten</u> wie z.B. die Speicherverwaltung oder <u>Kommunikationscharakteristika</u> wie z.B. die Übertragungsleistung zwischen Speicher und Pipeline mit einfließen.

Vergleicht man diese Formel für t mit den in 1.1 definierten Bearbeitungszeiten so ergibt sich folgendes:

<u>Serieller Rechner:</u>

$$Lt_a n = (n + n_{1/2})/r_{seriell} = (n + n_{1/2})Lt_a \implies n_{1/2} = 0$$

Dies bedeutet, daß der serielle Rechner arbeitet oder nicht arbeitet. Eine halbe Leistung gibt es hier nicht.

Pipeline-Rechner:

$$(s+L+(n-1))t_a = (n + n_{1/2})/r_{pipe} = (n + n_{1/2})t_a$$

$$===> n_{1/2} = s+L-1$$

Die Vektorlänge $n_{1/2}$ ist damit abhängig von der Einschwing-zeit und der Länge der Pipeline.

Feldrechner:

$$Lt_a\lceil n/N\rceil = (n + n_{1/2})/r_{feld} = (n + n_{1/2})Lt_a/N$$

Für $n = k*N + c$ ($0 < c < N$) folgt daraus $n_{1/2} = N - c$, für $n = k*N$ ergibt sich daraus $n_{1/2} = 0$.

Trägt man nun n/N gegen t/t_{par} mit t_{par} die Zeit für eine parallele arithmetische Operation auf, erhält man die für Feldrechner typische Treppenkurve in Bild 69.

Die gestrichelte Linie ist dann die beste lineare Approximation und man erhält $n_{1/2} = N/2$.

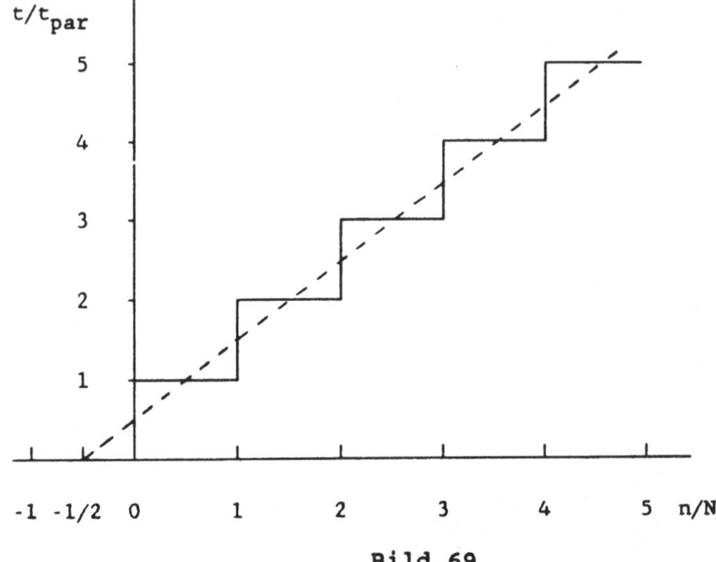

Bild 69

<u>Multiprozessoren:</u>

$$s_y t_m + \max(L_i t_{ai} n_i) = (n+n_{1/2})/r_{multi} = (n+n_{1/2})/ \sum_{i=1}^{k} (L_i t_{ai})^{-1}$$

$$= (\, n_{1/2} + \sum_{i=1}^{k} n_i)/ \sum_{i=1}^{k} (L_i t_{ai})^{-1}$$

$$===> n_{1/2} = f(n_1, \ldots \ldots, n_k)$$

Dies bedeutet, daß die halbe Leistung eines Multi-
prozessorsystems bei einer Vektorlänge erreicht wird, die
abhängig davon ist, wie die Teilvektoren der Länge n_i auf
die einzelnen Prozessoren verteilt werden.

Betrachtet man nur die theoretische Maximalleistung eines
bestimmten Rechners, so führt dies zu Leistungszahlen, die
in der Praxis nie erreicht werden, da die Maximalleistung
Vektoren unendlicher Länge voraussetzt. Die Leistung, die
ein Benutzer eines solchen Rechners erwarten kann, liegt
meist wesentlich darunter. Wir werden dies später noch
vergleichen. Betrachten wir deshalb Vektoren der endlichen
Länge n und definieren:

1.3 Durchschnittsleistung

Die Durchschnittsleistung eines Rechners bei der
Bearbeitung von Vektoren der Länge n ist

$$r_D = n/t = nr_i/(n + n_{1/2}) = r_i/(1 + n_{1/2}/n)$$

mit i=seriell,pipe,feld oder multi

1.4 Vektoreffizienz

Mit der Vektoreffizienz geben wir an, zu welchem Prozentsatz der maximalen Leistung wir den Rechner tatsächlich auslasten.

Vektoreffizienz $v_e = r_D/r_i = (1 + n_{1/2}/n)^{-1}$.

Wie man sieht, geht dieser Wert für große n bei festem $n_{1/2}$ gegen 1. Dies trifft bei Pipeline-Rechnern zu.

Wir wollen uns dies für die Beispiele Pipeline- und Feldrechner am folgenden Bild verdeutlichen:

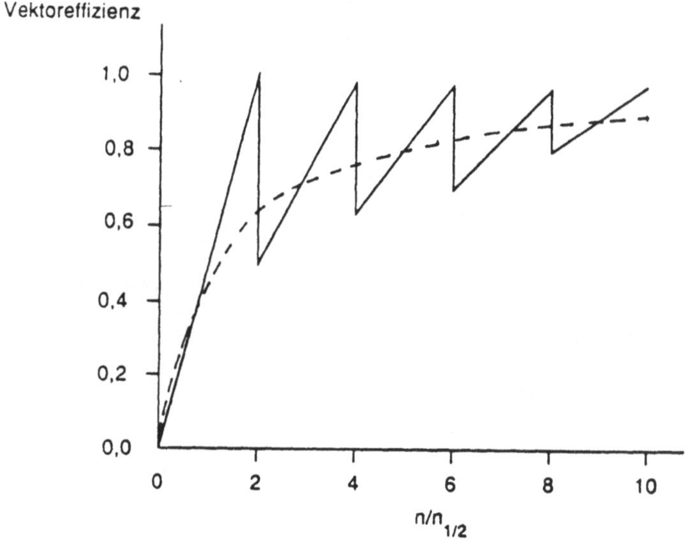

Bild 70

Die gestrichelte Linie kennzeichnet den Verlauf beim Pipelinerechner. Bei Feldrechner (durchgezogene Linie) erreichen wir wegen $n_{1/2} = N/2$ immer dann die Maximalleistung wenn gilt: $n = 2mn_{1/2}$ ($m = 1,2,3 \ldots$).

Dies hat für die Durchschnittsleistung die hierfür typische Sägezahnkurve zur Folge. Wir sehen aber, daß die angegebene Formel r_D eine gute Näherung angibt.

1.5 Speed-up

Als Maß für einen Vergleich der Ausführungszeiten für einen Algorithmus am Monoprozessor und unter Verwendung von p Prozessoren wählt man die Beschleunigung oder den "speed up"

$$S_p = \frac{T_1}{T_p}$$

Es gilt: $S_p \leq p$.

1.6 Systemeffizienz

Mit dem Speed up läßt sich die Auslastung oder Effizienz des Systems definieren:

$$E_p = \frac{S_p}{p} \leq 1$$

Die Effizienz wird auch als Scheduling-Parameter bezeichnet, da mit dieser Größe festgestellt werden kann, wie gut im Verhältnis zum Monoprozessorsystem die Arbeit auf p Prozessoren verteilt wurde.

1.7 Synchronisation und Kommunikation

Die Synchronisation und die Kommunikation sind bisher nicht berücksichtigt worden. Hier werden die Verlustgrößen $s_{1/2}$ und $f_{1/2}$ eingeführt <Hock88>.

$s_{1/2} = r*t_0$ ist die Zeit, die für eine Synchronisation aufgewendet werden muß. In dieser Zeit können keine arithmetischen Operationen ausgeführt werden (r = Maximalleistung).

$f_{1/2} = r/r_{(m)}$ gibt das Verhältnis von maximaler Rechenleistung r und maximalem Datentransfer $r_{(m)}$ vom Speicher zu den ALU's an. Auf eine ausführliche Interpretation soll an dieser Stelle verzichtet werden. Beispiele für Berechnungen findet man in <Hock88>.

2. Benchmarks

Für die Bewertung von Rechensystemen werden meist große Programmsysteme, die ein guter Durchschnitt des Benutzerprofils sind, eingesetzt. Mit der Laufzeitinformation lassen sich dann unterschiedliche Maschinen vergleichen.
Es gibt einige Standardbenchmarks, die an die jeweiligen Bedürfnisse durch Parameter angepaßt werden können.

2.1 Whetstone-Benchmark

1976 stellten Curnow und Wichmann <Curn76> ihren synthetischen Benchmark vor. Der Benchmark umfaßt neben Gleitpunktoperationen auch Integer-Arithmetik, indizierte Felder, Prozeduraufrufe, bedingte Sprünge, Einfachzuweisungen und die Berechnung von Standardfunktionen wie Quadratwurzel, Logarithmus, Exponentialfunktion, Sinus und Cosinus.

Die einzelnen Teile dieses Benchmarks werden verschieden oft durchlaufen.

Diese von den Autoren gewählte Gewichtung soll dem Benchmark eine Annäherung an typische wissenschaftliche Berechnungen gewährleisten. Die Leistung eines Rechners wird dann in Whetstones/Sekunde angegeben.

Nachteile dieses Benchmarks sind das Fehlen einer Genauigkeitsprüfung der arithmetischen Operationen und die Nichtberücksichtigung von mehrdimensionalen Feldern, bei denen insbesondere die Adreßberechnung sehr aufwendig sein kann.

2.2 Dhrystone-Benchmark

1984 wurde von R.P. Weicker <Weic84> der Dhrystone-Benchmark, ebenfalls synthetisch, vorgestellt. Ursprünglich in ADA geschrieben, wurde er erst in einer C-Version allgemein bekannt.

Neben den in 2.1 beschriebenen Operationen werden hier zusätzlich Zeichenketten verglichen, Boole'sche Operationen ausgeführt und zweidimensionale Felder bearbeitet.

2.3 Das LINPACK-Paket

Das LINPACK-Paket <Don87a> war ursprünglich dazu gedacht, Benutzern dieses Programmpakets zur Lösung linearer Gleichungssysteme eine Möglichkeit zur Abschätzung ihres Rechenzeitbedarfs zu geben.

Es besteht im Kern aus der Berechnung von Skalarprodukten, Vektor-Matrix- und Matrix-Matrix-Operationen. Aus diesen Grundoperationen wurde dann ein synthetischer Benchmark zusammengestellt, der typisch ist für Anwendungen aus der linearen Algebra.

2.4 Bewertung der Benchmarks

Beim Vergleich der hier vorgestellten Benchmarks muß man als erstes beachten, daß alle drei zunächst für serielle Rechner entworfen wurden. Die Anpassung an Pipeline-Rechner ist für das LINPACK-Paket gemacht worden.

Eine Übertragung auf Feldrechner und Multiprozessoren ist für den Whetstone- und den Dhrystone-Benchmark nicht sehr schwierig. Die Leistungsaussagen, die man dann erhält, sind aber verfälscht. Bei der Übertragung auf Feldrechner wird man bei N Prozessoren N Benchmarks parallel ablaufen lassen. Die Leistung wird dann die N-fache gegenüber einem Monoprozessorsystem sein. In die Bewertung geht aber überhaupt nicht die in vielen Algorithmen notwendige Kommunikation zwischen den Prozessoren ein. Dies gilt auch für Multiprozessorsysteme. Hier hat man allerdings noch die Möglichkeit, die Benchmarks in ihre Einzelteile zu zerlegen und auf verschiedene Prozessoren zu verteilen. Da diese Einzelbestandteile aber unabhängig voneinander sind, wird auch hier der Kommunikationsaspekt nicht berücksichtigt.

Die Anpassung des LINPACK-Benchmarks ist bei Feldrechnern und Multiprozessoren schwierig, da diese Rechner in der Struktur sehr verschieden sind und jede Anpassung in Kenntnis der Struktur gemacht werden muß.

Es gibt deshalb bisher keine vergleichenden Leistungsaussagen bei unterschiedlichen Rechnerstrukturen. Solche Aussagen sind bisher nur für die Klasse der Pipeline-Rechner mit Hilfe des LINPACK-Benchmarks gemacht worden.

3. Leistungsvergleiche

Mit Hilfe des LINPACK-Benchmarks kann man nicht nur die Leistung verschiedener Pipeline-Rechner vergleichen, man kann auch die Leistungsangaben eines Rechnerherstellers mit tatsächlich erzielten Werten vergleichen.

In der folgenden Tabelle wird dies für einige hier bereits erwähnte Rechner gemacht für die Lösung eines Gleichungssystems mit 100 Unbekannten <Don87b>.

Rechnertyp	Spitzenleistung nach Angabe des Herstellers (MFLOPS)	Tatsächl. Leistung (MFLOPS)	Effizienz
CRAY 1	160	12	0.075
CRAY X-MP-1	210	24	0.11
CRAY X-MP-2	420	24	0.057
CRAY X-MP-4	840	24	0.029
CDC CYBER 205	400	17	0.043
CONVEX C1	20	3	0.15
FPS 264	54	5.6	0.1
Alliant FX/8	94	7.6	0.08

Wir sehen, daß die tatsächlich erzielte Leistung nur ein kleiner Bruchteil der tatsächlich möglichen Leistung ist. Bei der Angabe der theoretisch möglichen Spitzenleistung gehen die Hersteller davon aus, daß alle Pipelines pro Taktzeit ein Ergebnis berechnen. Für die CRAY 1 heißt das, daß alle 12.5 ns sowohl die Additions- als auch die Multiplikationspipeline ein Ergebnis berechnen.

In der realen Anwendung ist nicht gewährleistet, daß dies wirklich zutrifft. Man kann die angegebene Spitzenleistung auch als Leistungsobergrenze ansehen, die nicht überschritten werden kann.

Ein weiterer Grund für die geringe Effizienz sind Kommunikationsprobleme zwischen Speicher und Pipeline. Im LINPACK-Benchmark werden Ergebnisse errechnet und sofort zurückgespeichert und nicht zu weiteren Berechnungen herangezogen. Dadurch steht durch das Holen der Operanden und das Zurückspeichern der Ergebnisse der Rechenleistung der Pipelines eine hohe Speicherzugriffsrate gegenüber. Dies bedeutet das die Pipelines auf Operanden warten müssen und damit die Rechenleistung abfällt.

Um dies nochmals zu verdeutlichen, wollen wir in einer weiteren Tabelle <Don87b> die Maximalleistung laut Hersteller, r_{pipe} und $n_{1/2}$ bei der Berechnung des Skalarprodukts betrachten.

Rechnertyp	Spitzenleistung nach Angabe des Herstellers (MFLOPS)	r_{pipe} (MFLOPS)	$n_{1/2}$
CRAY 1	160	70	200
CRAY X-MP	210	120	270
CYBER 205	400	90	135
CONVEX C1	20	9	56
ALLIANT FX8	94	20	220

Wir sehen, daß bereits r_{pipe} sehr stark von der angegebenen Herstellerleistung für diese spezifische Operation abweicht. Dies hängt sowohl mit dem Kommunikations-Overhead Speicher-Pipeline als auch damit zusammen, daß nicht alle Pipelines immer beschäftigt sind.

3.1 Forderungen an zukünftige Benchmarks

Während bei seriellen Rechnern Programmpakete immer auf die gleiche Art und Weise abgearbeitet werden und Unterschiede meist nur in der verwendeten Technologie, im Ein-/Ausgabeverhalten, in der Speicherhierarchie und im Betriebssystem zum Ausdruck kommen, stehen bei Parallelrechnern sehr oft Architekturfragen bei der Bewertung im Vordergrund.

Es ist deshalb bei der Bewertung wenig hilfreich in Benchmarks vorgegebene Programmstücke abzuarbeiten. Vielmehr sollten Benchmarks für solche neuen Strukturen nur Anforderungen und Problemstellungen, wie z.B. Lösung von Gleichungssystemen, Skalarprodukte, Matrizenmultiplikationen oder Berechnungen von Standardfunktionen enthalten.

Die optimalen Lösungsalgorithmen sind dann vom Hersteller zu ermitteln. Wichtig sind in diesem Zusammenhang auch Vorgaben zur Genauigkeit der erwarteten Ergebnisse.

VI. Bitalgorithmen

1. Überblick

Die Berechnung elementarer Funktionen wie Quadratwurzel, Logarithmus, Exponentialfunktion, Sinus oder Cosinus geschieht in Rechenanlagen meistens durch Reihenentwicklung oder iterative Verfahren.

Aber bereits 1959 hat Volder <Vold59> ein CORDIC (Coordinate Rotating Digital Computer) genanntes Verfahren angegeben, mit dem trigonometrische Funktionen durch eine Folge von Koordinatentransformationen berechnet werden. Bei diesen Koordinatentransformationen werden wie bei den später beschriebenen Bitalgorithmen schnelle Operationen wie Addition, Schiebebefehle und Tabellenzugriff verwendet. Am Ende des Algorithmuses muß dann noch mit einer Konstanten multipliziert werden. Durch Spezialisierung dieser Methode für bestimmte Funktionen kam J.E. Meggitt <Megg62> 1962 auf ein Verfahren, wie man unter Verwendung einfacher Rechenoperationen wie Addition, Schiebebefehle und Tabellensuche solche elementaren Funktionen ohne Reihenentwicklung noch schneller berechnen kann. Das angegebene Verfahren war ausgelegt auf die damals teilweise verwendete BCD-Arithmetik und die damit zusammenhängende Möglichkeit, auf jede Ziffer des Arguments zugreifen zu können.

Mit der Einführung der Gleitpunkt-Arithmetik und der damit verbundenen Einschränkung, daß man nur noch auf ein ganzes Wort und nicht mehr auf einzelne Ziffern zugreifen konnte, erschien die Reihenentwicklung der elementaren Funktionen zweckmäßiger.

Das Verfahren von Meggitt für BCD-Arithmetik läßt sich zunächst ohne Probleme auf jede B-Arithmetik mit B als Basis übertragen <Sark71>, <Chen72>. Für B=2 werden in diesem Kapitel einige Beispiele angegeben.

Kann man den Speicher eines Rechners bitweise adressieren, wie dies zum Beispiel beim DAP möglich ist, dann lassen sich Verfahren angegeben, die z.B. die Quadratwurzel in einer Zeit berechnen, die kleiner ist als die Zeit, die für eine Gleitpunktmultiplikation am selben Rechner benötigt wird. Für die anderen Elementarfunktionen erhält man Berechnungszeiten von 1 - 3 Gleitpunktmultiplikations-zeiten.

In diesem Fall spricht man von Bitalgorithmen zur Berechnung elementarer Funktionen.

Da diese Berechnungszeiten erheblich unter denen liegen, die bei einer Reihenentwicklung auftreten (ca. 10-12 Gleitpunktmultiplikationszeiten), liegt es nahe, zu prüfen, ob sich diese Verfahren nicht auch auf Rechner übertragen lassen, die im Byte- oder Wortmodus arbeiten. Im letzten Teil dieses Kapitels werde ich zeigen, daß die Übertragung auf Byte-Maschinen möglich ist und die Berechnungszeiten im Rahmen der oben genannten Zahlen bleiben.

2. Reihenentwicklung von Standardfunktionen

Die Mathematik stellt für die Reihenentwicklung von Funktionen eine Vielzahl unterschiedlicher Methoden zur Verfügung, die sich hinsichtlich Konvergenz, Fehlergenauigkeit und Programmieraufwand unterscheiden. Einige bekannte Methoden werden im folgenden beschrieben.

2.1 Taylor-Reihe

Eine Funktion $f(x)$, die stetig ist und deren Ableitungen für $x=a$ existieren läßt sich als Taylor-Reihe darstellen mit

$$f(x) = f(a) + \sum_{n=1}^{\infty} \frac{(x-a)^n}{n!} f^{(n)}(a)$$

Bricht die Berechnung bei $n=m$ ab, so gilt für das Restglied

$$r_m = \frac{1}{n!} \int_{a}^{x} (x-t)^n f^{(n+1)}(t) dt$$

Will man für den Funktionswert d signifikante Stellen erhalten, so muß gelten: $r_m < 5 \times 10^{-(d+1)}$

2.2 MacLaurin-Reihe

Diese Reihenentwicklung ist ein Spezialfall der Taylorreihe für $a = 0$. Es gilt

$$f(x) = \sum_{n=0}^{\infty} \frac{x^n}{n!} f^{(n)}(0)$$

Für das Restglied r_m gilt

$$r_m = \frac{x^{n+1}}{(n+1)!}\, f^{(n+1)}(tx)\ ,\qquad 0<t<1$$

Da die MacLaurin'sche Reihenentwicklung in vielen Rechner zur Berechnung von Standardfunktionen verwendet wird, wollen wir uns an einem Beispiel den Rechenaufwand betrachten.

Die Reihenentwicklung der Sinusfunktion hat folgende Gestalt:

$$\sin(x) = x - \frac{x^3}{3!} + \frac{x^5}{5!} - \frac{x^7}{7!} + \frac{x^9}{9!} - \frac{x^{11}}{11!} + \frac{x^{13}}{13!}\ \ldots\ldots$$

Wir bestimmen nun die Anzahl der notwendigen Reihenglieder, die für eine bestimmte Genauigkeit notwendig sind.

Sei $0\le x \le \pi/4$, dann gilt für das erste vernachlässigbare Glied s_m

$$s_m \le \frac{(\pi/4)^{2m+1}}{(2m+1)!}$$

Benötigen wir r Stellen hinter dem Komma, die exakt sein sollen, so gilt:

$$\frac{(\pi/4)^{2m+1}}{(2m+1)!} < 5*10^{-(r+1)}$$

Durch Umformen und Logarithmieren erhält man die Ungleichung

$$(2m+1)\log(4/\pi) + \log(2m+1)! > r + \log(2)$$

Durch Einsetzen der Stellengenauigkeit r kann man nun m berechnen.

Für r=10 erhält man z.B. m>5 und damit die Reihenentwicklung für

$$\sin(x) = x - \frac{x^3}{3!} + \frac{x^5}{5!} - \frac{x^7}{7!} + \frac{x^9}{9!} - \frac{x^{11}}{11!} + \frac{x^{13}}{13!}$$

für $0 \leq x \leq \pi/4$

Aus dieser Reihenentwicklung läßt sich die Anzahl der Multiplikationen durch Abzählen ermitteln.

2.3 Tschebyschew-Entwicklung

Die Tschebyschew-Entwicklung einer Funktion f(z) mit $-a \leq z=ax \leq a$ ist gegeben durch

$$f(ax) = \frac{1}{2}c_0(a) + \sum_{n=1}^{\infty} c_n(a) * T_n(x)$$

mit $T_n(x) = \cos(n*\arccos(x))$ und

$$c_n(a) = \frac{2}{\pi} \int_{-1}^{1} f(ax) * T_n(x) * (1-x^2)^{-1/2} dx$$

Durch diese Reihenentwicklung erhält man eine bessere Darstellung der zu entwickelnden Funktion als mit den anderen Reihenentwicklungen. Dies liegt an den bekannten Eigenschaften der klassischen Tschebyschew-Polynome.

2.4 τ-Methode

Die τ-Methode geht zurück auf Lanczos <Lanc56>. Diese Methode läßt sich einsetzen, wenn Reihenentwicklungen divergieren oder überhaupt nicht existieren wie z.B. für die Funktion x*log(x). Bei der Approximation von Besselfunktionen erzielt man mit dieser Methode gute Ergebnisse.

Für die zu approximierende Funktion f(x) sei L(y)=0 die Differenzialgleichung, die die Lösung y=f(x) hat. L(y) kann von einer Form sein, die keine polynomiale Approximation zuläßt.

Durch die Addition von $\tau*T^*_{n+1}(x)$, wobei τ eine kleine Konstante und $T^*_{n+1}(x) = T_{n+1}(2x-1)$ ist, erhält man $L^*(y) = L(y)-\tau*T^*_{n+1}(x)$. $L^*(y) = 0$ hat die exakte polynomiale Lösung P(x) und dies ist gleichzeitig eine Approximation von f(x).

3. Bitalgorithmen für Standardfunktionen

3.1 Theorie

Im Jahr 1962 entwickelte J.E.Meggitt eine Methode <Megg62>, um bei Rechnern mit BCD-Arithmetik Standardfunktionen ziffernweise aus dem Argument mit Hilfe einfacher Rechenoperationen unter Vermeidung der zeitaufwendigen Multiplikation zu berechnen.

T.C.Chen <Chen72> hat diese Methode 1972 verallgemeinert, so daß sie insbesondere für Argumente angewendet werden kann, die im Dualsystem abgespeichert sind.

Die Methode besteht darin eine iterative Folge von Paaren (x_0,y_0), (x_1,y_1), ...,(x_k,y_k) zu finden, die eine Funktion $F(x,y)$ invariant lassen, d.h. es gilt

$$F(x_0,y_0)=F(x_1,y_1)=.....=F(x_k,y_k).$$

Man startet mit einem bekannten Wertepaar (x_0,y_0) und läßt die Folge der x_i gegen einen bekannten Wert x_k konvergieren. Das y_k ist dann der gesuchte Funktionswert.
Die Methode umfaßt die folgenden Bedingungen:

1. Für die zu berechnende Funktion existiert ein bekannter Startwert $y=y_0$ mit $F(x_0,y_0) = z_0$.

2. Es gibt eine Rechenvorschrift, die das Paar (x_i,y_i) nach (x_{i+1},y_{i+1}) überführt. Dabei gilt $F(x_i,y_i)=F(x_{i+1},y_{i+1})=z_0$.

3. Die Folge der x-Transformationen konvergiert gegen einen bekannten Wert $x=x_k$, die zugehörigen y-Transformationen führen zu $y=y_k$.

Dabei gilt $F(x_k,y_k)=y_k=z_0$.

4. Die Transformationen nach 3. sind möglich, ohne z_0 zu kennen.

Wir definieren die Funktion $F(x,y)$ als

$$(1) \qquad F(x,y) = y*g(x) + h(x) \text{ mit } g(x_k)=1 \text{ und } h(x_k)=0.$$

Damit gilt $F(x_k,y) = y$.

Als Transformationen lassen wir nur solche zu, die einen Wert nur vom vorherigen Wertepaar abhängig machen:

$$x_{i+1} = \sigma (x_i,y_i) \quad \text{und} \quad y_{i+1}= \varphi (x_i,y_i)$$

Aus (1) und σ ergibt sich φ, da gilt:

$$y_{i+1}*g(x_{i+1})+h(x_{i+1}) = y_i*g(x_i)+h(x_i) \text{ und damit}$$
$$(2) \quad y_{i+1}=(y_i*g(x_i)+h(x_i)-h(x_{i+1}))/g(x_{i+1})$$
$$=(y_i*g(x_i)+h(x_i)-h(\sigma(x_i,y_i)))/g(\sigma(x_i,y_i))=\varphi(x_i,y_i)$$

Damit ist auch die Bedingung 4 erfüllt, da sich y_{i+1} ohne Kenntnis von z_0 berechnen läßt.

Die Wahl von $h(x)$ und $g(x)$ ist abhängig von der Funktion $f(x)$, die berechnet werden soll. In der folgenden Tabelle habe ich dazu vier Beispiele aufgeführt, die verdeutlichen, daß diese Methode nicht nur für die Berechnung von Standardfunktionen sondern z.B. auch für die Division angewendet werden kann.

f(x)	g(x)	h(x)	F(x,y)	x_k
e^x	e^x	0	ye^x	0
$\ln(x)$	1	$\ln(x)$	$y+\ln(x)$	1
x^{-1}	x^{-1}	0	y/x	1
$x^{-1/2}$	$x^{-1/2}$	0	$y/\sqrt{x}$	1

Für die Schnelligkeit und Konvergenz des Verfahrens ist die Wahl der Transformation σ ausschlaggebend. φ ergibt sich dann aus (2). Geben wir nun die Funktionen σ und φ für die Beispiele aus obiger Tabelle an.

3.1.1 Exponentialfunktion

$$F(x_0,y_0) = y_0 * e^{x_0}$$
$$x_{i+1} = x_i - \ln(a_i), \qquad y_{i+1} = y_i * a_i$$

Daraus erhält man:

$$F(x_{i+1},y_{i+1}) = y_{i+1} * e^{x_{i+1}} = y_i * a_i * e^{(x_i - \ln a_i)} = y_i * a_i * e^{x_i}/a_i =$$
$$= y_i * e^{x_i} = F(x_i,y_i)$$

3.1.2 Logarithmus

$$F(x_0,y_0) = y_0 + \ln(x_0)$$
$$x_{i+1} = x_i * a_i, \qquad y_{i+1} = y_i - \ln(a_i)$$

und damit

$$F(x_{i+1},y_{i+1}) = y_{i+1} + \ln(x_{i+1}) = y_i - \ln(a_i) + \ln(x_i a_i) =$$
$$= y_i - \ln(a_i) + \ln(x_i) + \ln(a_i) = F(x_i,y_i)$$

3.1.3 Reziprokwert

$F(x_0,y_0) = y_0/x_0$

$x_{i+1} = x_i*a_i$, $y_{i+1}=y_i*a_i$

$F(x_{i+1},y_{i+1}) = y_{i+1}/x_{i+1} = y_ia_i/x_ia_i = F(x_i,y_i)$

3.1.4 Wurzelfunktion

$F(x_0,y_0) = y_0/\sqrt{x_0}$

$x_{i+1} = x_i*a_i^2$, $y_{i+1} = y_i*a_i$

$F(x_{i+1},y_{i+1}) = y_{i+1}/\sqrt{x_{i+1}} = y_i*a_i/\sqrt{x_i*a_i^2} = y_i/\sqrt{x_i} =$
$$= F(x_i,y_i)$$

3.2 Konvergenz

Wir wollen für die 4 Beispiele die a_i angeben und zeigen, daß die Folge der x_i gegen x_k konvergiert. Alle Zahlen sollen in Gleitpunktdarstellung gegeben sein, d.h. für die Mantisse m gilt $0 \le m < 1$.

Sei a_i von der Form $1+2^{-i}$. Das bedeutet, daß eine Multiplikation mit a_i durch einen Shift und eine Addition realisiert werden kann.

3.2.1 Exponentialfunktion

Sei i die Position des höchstwertigen 1-Bits und $x_k = 0$. Für x_i gilt dann:

$x_i = 2^{-i} + p$ mit $0 \le p < 2^{-i}$.

$x_{i+1} = x_i - \ln(1+2^{-i}) = 2^{-i} + p - (2^{-i} - 2^{-2i}/2 + 2^{-3i}/3$
$\pm ....) = p + O(2^{-2i})$

Die Werte $\ln(1+2^{-i})$ sind in einer Tabelle gespeichert, die r Werte enthält, wobei r die Anzahl der Mantissenstellen ist.

$$y_{i+1} = y_i * a_i = y_i * (1+2^{-i}) = y_i + 2^{-i} * y_i$$

Dies bedeutet, daß sich y_{i+1} aus der Addition von y_i und dem um i Stellen verschobenen y_i ergibt.

3.2.2 Logarithmus

Sei i die Position des führenden 1-Bits in $1-x_i$ und $x_k = 1$.

$$x_i = 1 - 2^{-i} - p \quad \text{mit} \quad 0 \leq p < 2^{-i}.$$
$$x_{i+1} = x_i * a_i = (1 - 2^{-i} - p) * (1 + 2^{-i}) =$$
$$= 1 - p + 2^{-i} * (2^{-i} + p) = 1 - p + O(2^{-2i})$$
$$y_{i+1} = y_i - \ln(a_i) = y_i - \ln(1+2^{-i})$$

Diese Werte sind wie unter 1. aus der Tabelle zu entnehmen.

3.2.3 Reziprokwert

Für x_{i+1} gilt dasselbe wie unter 2., für y_{i+1} wie unter 1.

3.2.4 Wurzelfunktion

Sei i = 1 + Position des führenden 1-Bits in $(1-x_i)$ und $x_k = 1$.

$$x_i = 1 - 2*(2^{-i} + p) \, , \quad 0 \le p < 2^{-i}$$

$$x_{i+1} = x_k*a^2_k = (1 - 2*(2^{-i} + p))*(1+2^{-i})^2 =$$

$$= 1 - 2*p*(1 + 2*2^{-i} + 2^{-2i}) - 2^{-2i}*(3 + 2*2^{-i}) =$$

$$= 1 - 2*(p + O(2^{-2i}))$$

$$y_{i+1} = y_i*a_i = y_i + 2^{-i}*y_i$$

Für alle 4 Beispiele gilt:

Jeder Iterationsschritt macht die führende 1 in

$|x_i - x_k|$ zu 0.

Damit ist spätestens nach r Schritten in der Iteration x_k und damit die Lösung y_k berechnet. Dabei ist r die Anzahl der Mantissenstellen. Statistisch gesehen braucht man r/2 Schritte, da das Auftreten von 0 und 1 in der Mantisse gleich wahrscheinlich ist.

Wie bei allen arithmetischen Operationen sind hier auch Rundungsfehler zu betrachten, die insbesondere in Ausdrücken wie $y_{i+1} = y_i + 2^{-i}*y_i$ auftreten. Durch den in diesem Ausdruck enthaltenen Shift von y_i um i Stellen nach rechts gehen signifikante Bitstellen verloren. Man kann dies vermeiden, in dem man mit längeren Zwischenergebnissen arbeitet. Der Zeitbedarf steigt dadurch nur unwesentlich an (siehe 4.4).

3.3 Leistungsmerkmale und Realisierungen

Die Realisierungsmöglichkeit dieser Methoden zur Berechnung von Standardfunktionen hängt zunächst vordergründig davon ab, daß jede Ziffer in der entsprechenden Zahlendarstellung adressierbar ist.

Für das Dualsystem bedeutet dies, daß jedes Bit adressierbar sein muß. In modernen Großrechnern ist die Adressierungseinheit meist jedoch das Wort bzw. das Byte.

Eine Ausnahme macht hier der DAP, bei dem die Daten senkrecht im Speicher abgelegt sind (Vertikalverarbeitung). Jede Speicherebene ist adressierbar und damit ist jedes Bit in einem beliebig langen Wort adressierbar.

Durch die Übertragung der Methode auf den DAP erhält man interessante Leistungskennzahlen (in Vielfachen der Ausführungszeit für eine Gleitpunktmultiplikation):

Quadratwurzel	0.65
nat. Logarithmus	1.15
Sinus oder Cosinus	2.5
Sinus und Cosinus	3

Betrachten wir die Realisierung dieser Methode am DAP an vier Beispielen:

3.3.1 Quadratwurzel

Gegeben sei $N = x^2$, gesucht x. $N = m*2^k$ mit $0 \leq m < 1$.

Behandlung des Exponenten:

k gerade: Halbiere den Exponenten.

Exponent für die Wurzel ist k/2.

k ungerade: Addiere 1 zum Exponenten und halbiere

anschließend.

Exponent für die Wurzel (k+1)/2.

Verschiebe Mantisse m um 1 Stelle nach rechts

Behandlung der Mantisse:

Sei im i-ten Schritt $x_i^2 < N$ mit $r_i = N - x_i^2$.

Frage: $(x_i+b_{i+1})^2 < N$

mit b_{i+1} diejenige Mantisse mit 1 an der i+1-ten Stellen
und sonst 0.

Wir berechnen hierzu

$$r_{i+1} = N - (x_i+b_{i+1})^2 = N - (x_i^2+2x_i*b_{i+1}+b_{i+1}^2) =$$
$$= N - x_i^2 - (2*x_i+b_{i+1})*b_{i+1} = r_i - (2*x_i+b_{i+1})*b_{i+1}$$

Dabei läßt sich der Term $(2*x_i+b_{i+1})*b_{i+1}$ durch einfache
Operationen berechnen:

$2*x_i$ erhält man durch Schieben von x_i um eine Stelle nach
links,

$+b_{i+1}$ durch das Setzen des Bits an der Stelle i+1,

$*b_{i+1}$ durch Schieben um i+1 Stelle nach rechts.

Es gilt:

$r_{i+1} = 0$ Rechnung beendet, Bit i+1 in x_{i+1} ist 1

$r_{i+1} > 0$ Bit i+1 in x_{i+1} ist 1, berechne r_{i+2}

$r_{i+1} < 0$ Bit i+1 in x_{i+1} ist 0, $r_{i+1} = r_i$,

          berechne r_{i+2}

Für den Startwert gilt: $x_0 = 0$

Numerisches Beispiel:

Sei $N = 25_{10} = 11001_2 = 0.11001_2 * 2^5 = 0.011001_2 * 2^6$

$x_0 = 0$ $r_0 = 0.011001$

$r_1 = 0.011001 - (2*x_0+b_1)*b_1$

$\quad = 0.011001 - (0.0+0.1)*0.1$

$\quad = 0.011001 - 0.01$

$\quad = 0.001001$

$r_1 > 0$

$x_1 = 0.1$ $r_2 = r_1 - (2*x_1+b_2)*b_2$

$\quad = 0.001001 - (1.0+0.01)*0.01$

$\quad = 0.001001 - 0.0101$

$r_2 < 0 \qquad r_2 = r_1$

$x_2 = 0.10$ $r_3 = r_2 - (2*x_2+b_3)*b_3$

$\quad = 0.001001 - (1.0+0.001)*0.001$

$\quad = 0.001001 - 0.001001$

$\quad = 0$

$r_3 = 0$, damit Rechnung beendet. $x = x_3 = 0.101, \sqrt{N} = 0.101 * 2^3$

3.3.2 Logarithmus

Gegeben sei x mit $0 < x < 1$ und gesucht $\ln(x)$.

Sei $a_i = 1 + 2^{-i}$. In einer Tabelle werden die Werte $\ln(a_i)$ für $1 \leq i \leq k$ gespeichert. Dabei ist k die Anzahl der Mantissenstellen.

Verfahren:

Suche Konstanten $a_1, a_2, \ldots a_n$, so daß $x*a_1*a_2*\ldots*a_n=1$.
Aus $x*a_1*a_2*\ldots*a_n = 1$ folgt:

$$x = \frac{1}{a_1*a_2*\ldots*a_n} \text{ und}$$

$$\ln(x) = \ln\frac{1}{a_1*a_2*\ldots*a_n} = -\ln(a_1)-\ln(a_2)-\ldots-\ln(a_n)$$

Sei $x_i=x*a_1*a_2*\ldots*a_i<1$ und $y_i=-\ln(a_1)-\ln(a_2)-\ldots-\ln(a_i)$
Dann ist $x_{i+1} = x_i*a_{i+1} = x_i*(1+2^{-(i+1)})$

Diese Multiplikation läßt sich wieder mit einfachen Operationen ausführen, da x_i und ein um i+1 Stellen nach rechts verschobenes x_i addiert werden.

$$x_{i+1} \leq 1 \ : \quad y_{i+1} = y_i - \ln(a_{i+1})$$
$$x_{i+1} > 1 \ : \quad x_{i+1} = x_i; \ y_{i+1} = y_i$$

Numerisches Beispiel:

$x = 0.625_{10} = 0.101_2$

$x_1 = xa_1 = x*(1+2^{-1}) = 0.101 + 0.0101 = 0.1111 < 1$

$y_1 = -\ln(a_1) = -0.4054651_{10}$

$x_2 = x_1*a_2 = 0.1111*(1+2^{-2}) = 0.1111+0.001111 = 1.001011>1$

$y_2 = y_1; \quad x_2 = x_1$

$x_3 = x_2*a_3 = 0.1111*(1+2^{-3}) = 0.1111 + 0.0001111 = 1.0000111 > 1$

$y_3 = y_2; \quad x_3 = x_2$

$x_4 = x_3*a_4 = 0.1111*(1+2^{-4}) = 0.1111 + 0.00001111 = 0.11111111 < 1$

$y_4 = y_3 - \ln(a_4) = -\ln(a_1)-\ln(a_4) = -0.4660897_{10}$

$x_5 = x_4*a_5 = 0.11111111*(1+2^{-5}) = 0.11111111 + 0.0000011111111 > 1$

$y_5 = y_4; \quad x_5 = x_4$

$x_6 = x_5a_6 = 0.11111111*(1+2^{-6}) = 0.11111111 + 0.00000011111111 > 1$

$y_6 = y_5; \quad x_6 = x_5$

$x_7 = x_6a_7 = 0.11111111*(1+2^{-7}) = 0.11111111 + 0.000000011111111 > 1$

$y_7 = y_6; \quad x_7 = x_6$

$x_8 = x_7 a_8 = 0.11111111 * (1+2^{-8}) = 0.11111111 +$

$0.0000000011111111 < 1$

$y_8 = y_7 - \ln(a_8) = -\ln(a_1) - \ln(a_4) - \ln(a_8) = -0.4699883_{10}$

Wie man leicht sieht, entfällt die Berechnung von y_9 bis y_{15}

$x_{16} = x_{15} * a_{16} = 0.1111111111111111 * (1+2^{-16}) =$

$= 0.1111111111111111 + 0.00000000000000001111111111111111 < 1$

$y_{16} = y_{15} - \ln(a_{16}) = -.4700035_{10}$

Betrachten wir Mantissen mit 32 relevanten Stellen, so sind wir mit der Berechnung von y_{16} fertig.

Das Ergebnis mit Hilfe einer Reihenentwicklung berechnet lautet $\ln(0.625) = -0.4700037$. Wir haben eine Abweichung in der letzten Stelle. Wir können dies noch verbessern, in dem wir während der Berechnung die Anzahl der relevanten Mantissenstellen vergrößern.

3.3.3 Exponentialfunktion

Die bitweise Berechnung der Exponentialfunktion läßt sich direkt aus der Berechnung des Logarithmus ableiten. Benötigt werden hierzu wieder die Tabellenwerte $\ln(a_i)$.

Gegeben sei x mit $0 \leq x < 1$, gesucht e^x.

Wir suchen Konstanten a_i derart, daß

$x - \ln(a_1) - \ln(a_2) - \ldots\ldots - \ln(a_n) = 0$

Dann gilt:

$$e^x = e^{\ln(a_1) + \ln(a_2) + \ldots\ldots + \ln(a_n)} = e^{\ln(a_1 a_2 \ldots\ldots a_n)}$$

$$= a_1 * a_2 * \ldots * a_n$$

Die Multiplikation der $a_i = 1 + 2^{-i}$ ist wieder einfach, da sie sich als Shift und Addition ausführen läßt.

Sei $x_i = x - \ln(a_1) - \ln(a_2) - \ldots\ldots -\ln(a_i) > 0$ und

$$y_i = a_1 * a_2 * \ldots\ldots * a_i$$

Dann ist $x_{i+1} = x_i - \ln(a_{i+1})$.

$x_{i+1} \geq 0 : \quad y_{i+1} = y_i * a_{i+1}$

$x_{i+1} < 0 : \quad y_{i+1} = y_i ; \ x_{i+1} = x_i$

Numerisches Beispiel:

Sei $x = 0.625_{10}$

Wir brechen die Berechnung ab, wenn x_i kleiner wird als eine vorgebbare Schranke ϵ. Sei für unser Beispiel $\epsilon = 10^{-4}$.

$x_1 = x - \ln(a_1) = 0.625 - 0.4054651 = 0.2195349 > 0$

$y_1 = a_1 = 1.5$

$x_2 = x_1 - \ln(a_2) = 0.2195349 - 0.2231435 < 0$

$y_2 = y_1 ; \ x_2 = x_1$

$x_3 = x_2 - \ln(a_3) = 0.2195349 - 0.1177829 = 0.1017520 > 0$

$y_3 = y_2 * a_3 = 1.5 * (1 + 2^{-3}) = 1.6875$

$$x_4 = x_3 - \ln(a_4) = 0.1017520 - 0.0606246 = 0.0411274 > 0$$
$$y_4 = y_3 * a_4 = 1.6875 * (1+2^{-4}) = 1.7929687$$

$$x_5 = x_4 - \ln(a_5) = 0.0411274 - 0.0307716 = 0.0103558 > 0$$
$$y_5 = y_4 * a_5 = 1.7929687 * (1+2^{-5}) = 1.8489989$$

$$x_6 = x_5 - \ln(a_6) = 0.0103558 - 0.0155041 < 0$$
$$y_6 = y_5; \quad x_6 = x_5$$

$$x_7 = x_6 - \ln(a_7) = 0.0103558 - 0.0077821 = 0.0025737 > 0$$
$$y_7 = y_6 * a_7 = 1.8489989 * (1+2^{-7}) = 1.8634442$$

$$x_8 = x_7 - \ln(a_8) = 0.0025737 - 0.0038986 < 0$$
$$y_8 = y_7; \quad x_8 = x_7$$

$$x_9 = x_8 - \ln(a_9) = 0.0025737 - 0.0019511 = 0.0006226$$
$$y_9 = y_8 * a_9 = 1.8634442 * (1+2^{-9}) = 1.8670836$$

$$x_{10} = x_9 - \ln(a_{10}) = 0.0006226 - 0.0009761 < 0$$
$$y_{10} = y_9; \quad x_{10} = x_9$$

$$x_{11} = x_{10} - \ln(a_{11}) = 0.0006226 - 0.0004880 = 0.0001346$$
$$y_{11} = y_{10} * a_{11} = 1.8670836 * (1+2^{-11}) = 1.8679951$$

$$x_{12} = x_{11} - \ln(a_{12)} = 0.0001346 - 0.0002440 < 0$$
$$y_{12} = y_{11}; \quad x_{12} = x_{11}$$

$$x_{13} = x_{12} - \ln(a_{13}) = 0.0001346 - 0.0001220 = 0.0000126$$
$$y_{13} = y_{12} * a_{13} = 1.8679951 * (1+2^{-13}) = 1.8682229$$

Da $x_{13} < 10^{-4}$ wird die Berechnung abgebrochen.

Vergleichen wir y_{13} = 1.8682229 mit dem durch Reihenentwicklung berechneten Wert für $e^{0.625}$ = 1.868246, so sehen wir, daß die ersten vier Ziffern hinter dem Dezimalpunkt übereinstimmen. Eine höhere Genauigkeit erreicht man durch Verändern der Schranke ϵ.

3.3.4 Sinus und Cosinus

Eine Besonderheit dieser Methode zur bitweisen Berechnung des Sinus und des Cosinus ist es, daß immer beide Werte für ein Argument anfallen.

Betrachten wir zunächst die Additionstheoreme für die beiden Funktionen.

$$\sin(A\pm B) = \sin(A)*\cos(B) \pm \cos(A)*\sin(B)$$
$$= \cos(B)*(\sin(A) \pm \cos(A)*\sin(B)/\cos(B))$$
$$= \cos(B)*(\sin(A) \pm \cos(A)*\tan(B))$$

$$\cos(A\pm B) = \cos(A)*\cos(B) \mp \sin(A)*\sin(B)$$
$$= \cos(B)*(\cos(A) \mp \sin(A)*\sin(B)/\cos(B))$$
$$= \cos(B)*(\cos(A) \mp \sin(A)*\tan(B))$$

Wir wählen die $\tan(a_i) = 2^{-i}$ und speichern die $a_i = \arctan(2^{-i})$ in einer Tabelle.

Zur Berechnung der beiden Funktionen beschränken wir das Argument auf den 1. Quadranten, so daß gilt: $0 < x < \pi/2$.

Wir beginnen mit den Startwerten $\sin(0) = 0$ und $\cos(0) = 1$.

Sei eine Näherung x_i berechnet, dann gilt für den

(i+1)-ten Berechnungsschritt:

Falls $x_i < x$: $x_{i+1} = x_i + a_{i+1}$

$\qquad x_i > x$: $x_{i+1} = x_i - a_{i+1}$

$\sin(x_{i+1}) = \sin(x_i \pm a_{i+1}) =$

$= \cos(a_{i+1}) * (\sin(x_i) \pm \cos(x_i) * \tan(a_{i+1}))$

$= \cos(a_{i+1})(\sin(x_i) \pm 2^{-i-1} * \cos(x_i))$

$\cos(x_{i+1}) = \cos(x_i \pm a_{i+1}) =$

$= \cos(a_{i+1}) * (\cos(x_i) \mp \sin(x_i) * \tan(a_{i+1}))$

$= \cos(a_{i+1}) * (\cos(x_i) \mp 2^{-i-1} * \sin(x_i))$

Man sieht, daß sowohl $\sin(x_{i+1})$ als auch $\cos(x_{i+1})$ von
$\sin(x_i)$ und $\cos(x_i)$ abhängen. Dies erklärt, daß bei der
Berechnung immer beide Funktionswerte für ein Argument
berechnet werden.

Die Berechnung bricht ab, wenn $x_i - x < \epsilon$, wobei ϵ eine
vorgebbare Fehlerschranke ist.

Die Berechnung des Terms $2^{-i-1} * \sin(x_i)$ bzw. $2^{-i-1} * \cos(x_i)$
ist durch einen Rechtsshift um i+1 Stellen möglich.
Die in jedem Berechnungsschritt vorkommende Multiplikation
läßt sich zu einer abschließenden Multiplikation zusammen-
fassen.

Man speichert die Produkte $p_i = \cos(a_0)*\ldots*\cos(a_i)$ für
$i=0,1,2,\ldots\ldots k$ in einer Tabelle. Dabei ist k das Maximum
der notwendigen Berechnungsschritte. Bei Abbruch des
Verfahrens durch Unterschreiten der Fehlerschranke wird
dann eine einzige Multiplikation mit dem entsprechenden
Tabellenwert durchgeführt.

Numerisches Beispiel:

Sei $x = 1$ und $p_i = \cos(a_0)*\ldots*\cos(a_i)$ $i=0,1,2\ldots$

$$\sin(0) = 0 \qquad\qquad \cos(0) = 1$$

$x_0 = 0 + a_0 = 0.7854 < x$

$\sin(x_0) = \cos(a_0)*(\sin(0)+2^0*\cos(0)) = \cos(a_0) = p_0$

$\cos(x_0) = \cos(a_0)*(\cos(0)-2^0*\sin(0)) = \cos(a_0) = p_0$

$x_1 = x_0 + a_1 = 0.7854 + 0.4636 = 1.249 > x$

$\sin(x_1) = \cos(a_1)*(\sin(x_0) + 2^{-1}*\cos(x_0)) = p_1*(1 + 0.5) = $
$1.5*p_1$

$\cos(x_1) = \cos(a_1)*(\cos(x_0) - 2^{-1}*\sin(x_0)) = p_1*(1 - 0.5) = $
$0.5*p_1$

$x_2 = x_1 - a_2 = 1.249 - 0.2450 = 1.004 > x$

$\sin(x_2) = \cos(a_2)*(\sin(x_1)-2^{-2}*\cos(x_1)) = p_2*(1.5 - 0.125)$
$= 1.375*p_2$

$\cos(x_2) = \cos(a_2)*(\cos(x_1)+2^{-2}*\sin(x_1)) = p_2*(0.5 + 0.375)$
$= 0.875*p_2$

$$x_3 = x_2 - a_3 = 1.004 - 0.1244 = 0.8796 < x$$

$$\sin(x_3) = \cos(a_3)*(\sin(x_2)-2^{-3}*\cos(x_2))=p_3*(1.375-0.1094) =$$

$$1.2656*p_3$$

$$\cos(x_3) = \cos(a_3)*(\cos(x_2)+2^{-3}*\sin(x_2))=p_3*(0.875+0.1719) =$$

$$1.0469*p_3$$

$$x_4 = x_3 + a_4 = 0.8796 + 0.0624 = 0.9420 < x$$

$$\sin(x_4) \quad = \quad \cos(a_4)*(\sin(x_3) \quad + \quad 2^{-4}*\cos(x_3)) \quad =$$

$$p_4*(1.2656+0.0654) = 1.331*p_4$$

$$\cos(x_4) = \cos(a_4)*(\cos(x_3) - 2^{-4}*\sin(x_3)) =$$

$$p_4*(1.0469-0.0791) = 0.9678*p_4$$

$$x_5 = x_4 + a_5 = 0.9420 + 0.0312 = 0.9732 < x$$

$$\sin(x_5) \quad = \quad \cos(a_5)*(\sin(x_4)+2^{-5}*\cos(x_4)) \quad =$$

$$p_5*(1.331+0.0302) = 1.3612*p_5$$

$$\cos(x_5) = \cos(a_5)*(\cos(x_4)-2^{-5}*\sin(x_4)) =$$

$$p_5*(0.9678-0.0416) = 0.9262*p_5$$

$$x_6 = x_5 + a_6 = 0.9732 + 0.0156 = 0.9888 < x$$

$$\sin(x_6) \quad = \quad \cos(a_6)*(\sin(x_5)+2^{-6}*\cos(x_5)) \quad =$$

$$p_6*(1.3612+0.0145) = 1.3757*p_6$$

$$\cos(x_6) = \cos(a_6)*(\cos(x_5)-2^{-6}*\sin(x_5)) =$$

$$p_6*(0.9262-0.0213) = 0.9049*p_6$$

$$x_7 = x_6 + a_7 = 0.9888 + 0.0078 = 0.9966 <$$

$$\sin(x_7) \quad = \quad \cos(a_7)*(\sin(x_6)+2^{-7}*\cos(x_6)) \quad =$$

$$p_7*(1.3757+0.0071) = 1.3828*p_7$$

$$\cos(x_7) = \cos(a_7)*(\cos(x_6)-2^{-7}*\sin(x_6)) =$$

$$p_7*(0.9049-0.0107) = 0.8942*p_7$$

$$x_8 = x_7 + a_8 = 0.9966 + 0.0039 = 1.0005 > x$$

$$\sin(x_8) = \cos(a_8)*(\sin(x_7)+2^{-8}*\cos(x_7)) =$$

$$p_8*(1.3828+0.0035) = 1.3863*p_8$$

$$\cos(x_8) = \cos(a_8)*(\cos(x_7)-2^{-8}*\sin(x_7)) =$$

$$p_8*(0.8942-0.0054) = 0.8888*p_8$$

Bei einer Fehlerschranke von $\epsilon = 10^{-3}$ können wir an dieser Stelle abbrechen, da $x_8 - x = 1.0005 - 1 = 0.0005 < \epsilon$. Stellen wir unsere Berechnung des Sinus/Cosinus einer Reihenentwicklung gegenüber, so ergibt sich mit

$$p_8 = \cos(a_1)*\cos(a_2)*\cos(a_3)*\cos(a_4)*\cos(a_5)*\cos(a_6)*$$
$$*\cos(a_7)*\cos(a_8) = 0.60725$$

	Bitweise Berechnung	Reihenentwicklung
sin(1)	0.84183	0.84147
cos(1)	0.53972	0.54030

Wir sehen, daß die Fehlerschranke $\epsilon = 10^{-3}$ nicht ausreicht und wir noch weiter iterieren müssen. Wir wollen an dieser Stelle aber darauf verzichten.

4. Übertragung des Prinzips Bitalgorithmus auf serielle Rechner

Bei seriellen Rechnern, aber auch bei Pipeline-Maschinen und Multiprozessoren ist die Adressierungseinheit nicht das Bit sondern das Byte oder das Wort. Auf den ersten Blick eignen sich diese Rechner nicht für die Methode der Bit-algorithmen. Alle Standardfunktionen werden deshalb durch Reihenentwicklung berechnet.

Wir wollen am Beispiel des 8080-Prozessors von Intel zeigen, daß sich das Prinzip der Bitalgorithmen auch auf Rechner übertragen läßt, deren Speicher nicht bitweise adressierbar sind.

4.1 Anpassung der Methode an Bytemaschinen

Betrachten wir zunächst die einzelnen Befehlsgruppen des 8080 und ihre Möglichkeiten, die Bearbeitung eines Bits zu unterstützen.

Gruppe 1: Speicher- und Registerbefehle
Sie dienen dem Austausch von Bytes zwischen dem Speicher und den Registern bzw. zwischen den Registern. Die Adressierungseinheit ist zwingend das Byte.

Gruppe 2: Arithmetische Befehle
Sie dienen zur Addition und Subtraktion von Konstanten und Speicherinhalten zum Akkumulator. Auch hier ist die Adressierungseinheit das Byte.

Gruppe 3: Logische Befehle
In dieser Gruppe wird der Inhalt des Akkumulators logisch verknüpft mit Konstanten und Speicherinhalten. Auch hier ist zwar die Adressierungseinheit das Byte, durch geschickte logische Verknüpfung mit speziellen Konstanten lassen sich einzelne Bits ausfiltern.

Gruppe 4: Schiebebefehle

Schiebebefehle lassen den Akkumulator rotieren mit oder ohne Einschluß des Carrybits. Mit Befehlen dieser Gruppe lassen sich einzelne Bits an bestimmte Positionen im Akkumulator oder im Carrybit bringen und leicht abfragen.

Gruppe 5: Vergleichs- und Sprungbefehle

Hier werden bedingte Sprünge ausgeführt. Die Sprungbedingungen sind vom Zustand eines einzelnen Bits wie z.B. Carrybit, Zerobit oder Signbit abhängig. Hier ist eine bitweise Verarbeitung implizit vorgegeben.

Die Befehle der Gruppen 3, 4 und 5 ermöglichen es relativ einfach auf einzelne Bits in einem Byte zuzugreifen. Die Ausführungszeiten dieser Befehle sind sehr kurz, so daß dieser Zugriff auf einzelne Bits schnell ist.

Für die Realisierung der Bitalgorithmen wird deshalb bevorzugt auf Befehle aus diesen 3 Gruppen zurückgegriffen.

Bei modernen Prozessoren, wie z.B. Intel 80386, gibt es die Befehle Test bit und Set bit, mit denen ein noch schnellerer Zugriff auf einzelne Bits möglich ist.

4.2 Implementierungskonzepte

In diesem Kapitel sollen beispielhaft die auf Bytestruktur übertragenen Bitalgorithmen für Quadratwurzel und natürlichen Logarithmus dargestellt werden.

Zur Übertragung auf Bytestruktur verwendet werden die in 3.2 dargestellten Realisierungen für den DAP. Gleitpunktzahlen werden üblicherweise dargestellt als $m*2^E$, wobei für die Mantisse m ($0 \leq m < 1$) 3 Bytes und für den Exponenten E ein Byte zur Verfügung stehen.

Um positive und negative Exponenten ohne zusätzliches Vorzeichenbit darstellen zu können, wird zum tatsächlichen Exponenten noch die Charakteristik (z.B. 128) addiert.

Eine andere Zahlendarstellung, die insbesondere in Basic Verwendung findet, ist die Darstellung von Gleitpunktzahlen in der Form $2^E(1+m)$. Diese Darstellung wird bei der Implementierung der Beispiele verwendet.

Eine Gleitpunktzahl hat damit folgende Gestalt:

	Mantisse m		Exponent + Char.
0bbbbbbb	bbbbbbbb	bbbbbbbb	

Speicheradresse relativ zum Wortanfang			
2	1	0	3

4.2.1 Quadratwurzel

Der Ablauf des Bitalgorithmuses beginnt mit dem Laden des Exponenten und Testen auf gerade oder ungerade. Bei ungeradem Exponenten wird 1 addiert und die Mantisse um eine Stelle nach rechts geschoben. Anschließend wird der Exponent durch Rechtsschieben halbiert.

Eine Konstante konst wird mit 64 vorbesetzt und zeigt damit auf das aktuell zu behandelnde Bit. Durch Rechtsschieben dieser Konstanten um eine Position nach jedem Durchlauf wird immer das aktuelle Bit im Byte angezeigt.

Der Berechnung von $r_{n+1} = r_n - (2*x_n + b_{n+1})*b_{n+1}$ dienen die Unterprogramme links, addx, rechts und diff.

Links realisiert die Multiplikation $2*x_n$ durch einen Linksshift der Mantisse,

addx realisiert die Addition von b_{n+1}

rechts realisiert die Multiplikation mit b_{n+1} durch Rechtsschieben der Mantisse und

diff realisiert die Subtraktion des Ausdrucks

$(2*x_n + b_{n+1})*b_{n+1}$ von r_n.

In Abhängigkeit von r_{n+1} wird im Ergebnis das entsprechende Bit gesetzt oder nicht gesetzt.

Diese Prozedur wird maximal 23 mal durchlaufen, da die Mantisse 23 relevante Stellen hat. Die Schleife wird vorher beendet, wenn der berechnete Rest $r_{n+1} = 0$ ist.

Den Ablauf zeigt das Flußdiagramm auf der nächsten Seite.

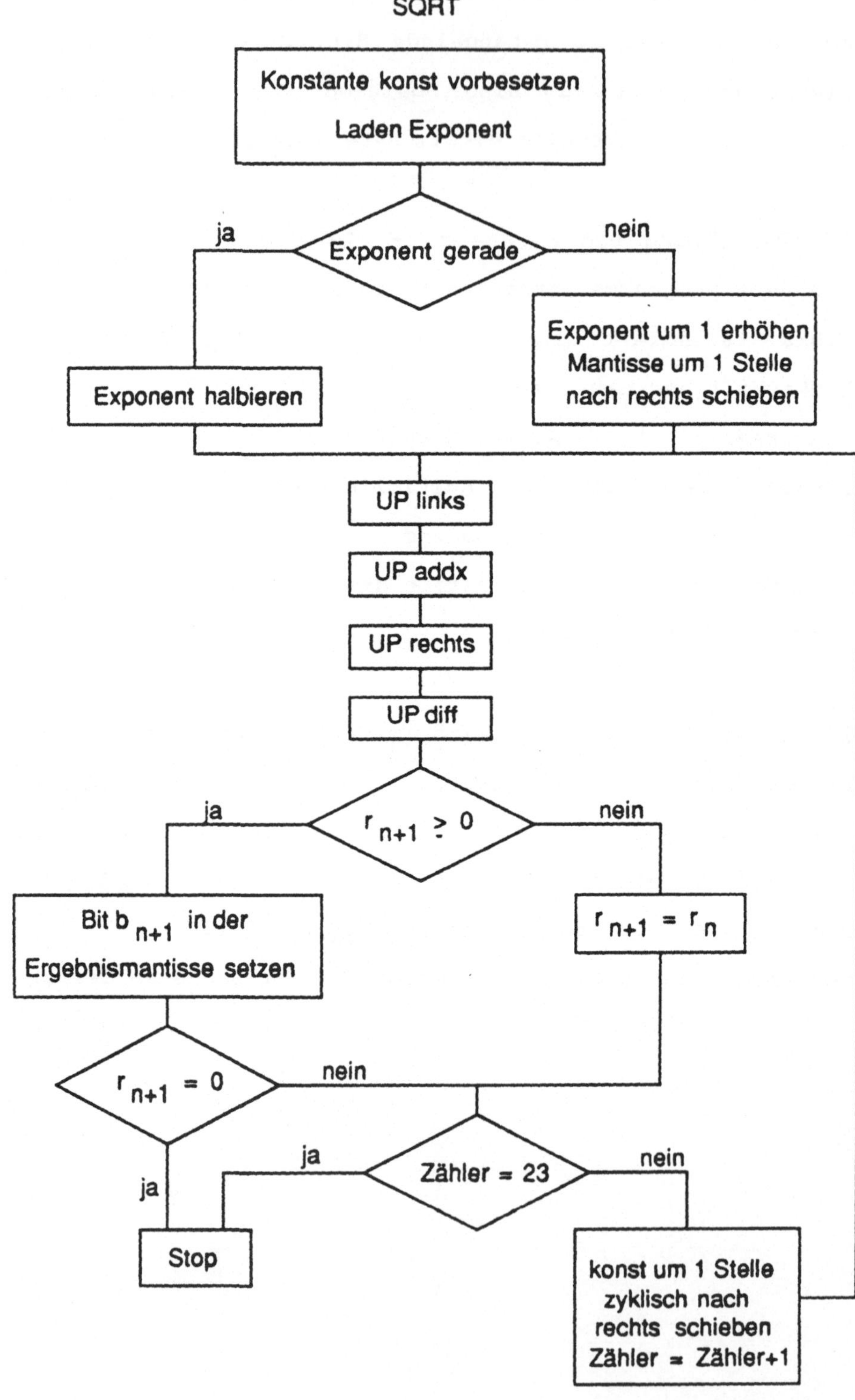

SQRT
Konstante konst vorbesetzen
Laden Exponent
Exponent gerade
ja
nein
Exponent halbieren
Exponent um 1 erhöhen
Mantisse um 1 Stelle
nach rechts schieben
UP links
UP addx
UP rechts
UP diff
$r_{n+1} \geq 0$
ja
nein
Bit b_{n+1} in der
Ergebnismantisse setzen
$r_{n+1} = r_n$
$r_{n+1} = 0$
nein
ja
Zähler = 23
ja
nein
Stop
konst um 1 Stelle
zyklisch nach
rechts schieben
Zähler = Zähler+1

4.2.2 Natürlicher Logarithmus

Bei der Berechnung von $\ln(x)$ mit $x = m*2^E$ und $0 \leq m < 1$ erhält man 2 Komponenten. Es gilt

$$\ln(x) = \ln(m*2^E) = \ln(m) + \ln(2^E) = \ln(m) + E*\ln(2)$$

Um die Multiplikation im Ausdruck $E*\ln(2)$ zu vermeiden, benötigt man eine Tabelle mit allen möglichen Produkten. Da gilt $-127 \leq E \leq 127$, hat die Tabelle 127 Einträge zu je 4 Bytes.

Für Realisierungen in VLSI-Technologie ist dies normalerweise zu umfangreich. Man speichert deshalb nur die Produkte $2^i*\ln(2)$ mit $0 \leq i \leq 6$ und ermittelt das Produkt $E*\ln(2)$ durch mehrfache Addition in Abhängigkeit des Bitmusters von E.

Für die bitweise Berechnung von $\ln(m)$ benötigen wir in einer Tabelle die Werte $\ln(1+2^i)$ mit $1 \leq i \leq 23$ für 23 relevante Stellen der Mantisse. Jeder Wert umfaßt wieder 4 Bytes. Da für $i > 10$ etwa die Hälfte der Bytes den Wert 0 haben, läßt sich die Tabelle verkürzen, indem man nur die Bytes mit Werten ungleich 0 speichert und sich dies in einem Bitvektor vermerkt.

Das Ziel im Bitalgorithmus für den Logarithmus ist es, das Produkt $x*a_1*a_2*......a_n$ gleich 1 zu machen. Unser Algorithmus terminiert, wenn alle Mantissenstellen gleich 1 sind.

Aus diesem Grund können wir alle Mantissenstellen bis zur ersten Null ignorieren.

Da wir das Produkt $x*(1+2^i)$ berechnen, gäbe es bei den führenden Einsen einen Überlauf. i ist damit die Position der 1. Null in der Mantisse. Dieses Suchen in jedem Berechnungsschritt verkürzt den Algorithmus wesentlich. Verwendet werden die Unterprogramme rechts für einen Rechtsshift um i Stellen und addx zur Addition von x und $x*2^{-i}$.

Tritt bei dieser Addition kein Überlauf auf, d.h. $x_{i+1}=x_i*(1+2^{-i})$ ist kleiner 1, dann führt das Unterprogramm addlog die Addition von $-\ln(a_i)$ zum bisherigen Ergebnis aus. Das Unterprogramm addsub addiert bzw. subtrahiert zum Schluß den Ausdruck $E*\ln(2)$, je nachdem ob E positiv oder negativ ist.

Den Ablauf zeigt das folgende Flußdiagramm.

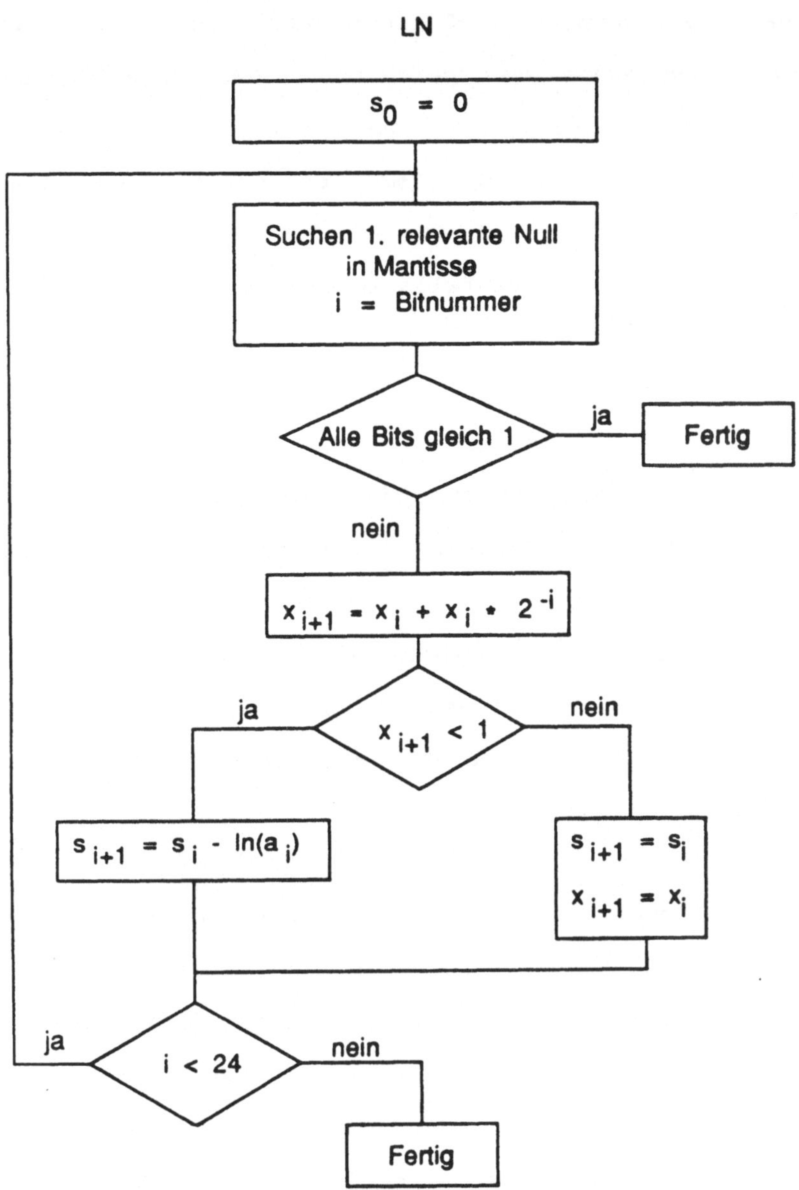

Auf dieselbe Art und Weise lassen sich weitere Standardfunktionen auf Bytemaschinen implementieren.

4.3 Leistungsvergleich

In 3.2 haben wir gesehen, daß diese Funktionen am DAP bei bitweiser Adressierung des Speichers in der Größenordnung von 1 - 3 Gleitpunktmultiplikationszeiten berechnet werden. Messungen für die beiden implementierten Funktionen Quadratwurzel und Logarithmus am 8080-Prozessor haben ergeben, daß die Zeiten ebenfalls in diesem Bereich liegen.

Für den Logarithmus ergeben sich im Mittel 1.4 Gleitpunktmultiplikationszeiten, für die Quadratwurzel 2.1.
Der relativ schlechte Wert für die Quadratwurzel entsteht dadurch, daß die Berechnungen immer mit dem Startwert $x_0 = 0$ beginnen.
Durch ein Aufteilen des Bereichs in mehrere kleine Teilbereiche mit unterschiedlichen Startwerten x_0 und einer Abfrage am Anfang der Berechnung lassen sich hier bessere Werte erzielen.

Bei der Implementierung dieser Algorithmen auf wortorientierten Prozessoren kann man Ausführungszeiten in derselben Größenordnung erwarten. Dies liegt daran, daß in Rechnern mit wortweiser Adressierung entweder als Untereinheit das Byte existiert (Beispiel: Intel 80386), was eine direkte Übernahme der Algorithmen von den Bytemaschinen erlaubt, oder daß das Wort in kleinere byteähnliche Teile zerlegt werden kann. In diesen kleinen Wortportionen kann man dann auf einzelne Bits zugreifen. Ein Beispiel hierfür ist die CDC Cyber-Serie.

4.4 Fehlerabschätzung

Bei der Fehlerabschätzung muß man unterscheiden zwischen dem relativen Fehler, der durch das Verfahren entsteht und dem Fehler, der bei der Implementierung z.B. durch Runden oder Abschneiden von Mantissen entsteht.

Bei der Betrachtung des relativen Fehlers stellen wir zunächst fest, daß die Iterationsverfahren aus 3.1 den exakten Wert x_k normalerweise nicht erreichen. Sei x' der Abbruchwert mit $x' \pm n = x_k$ und $n < 2^{-N/2}$ (N Anzahl der Mantissenstellen).

Dann kann man zeigen, daß für den relativen Fehler ϵ gilt:

$\epsilon < 2^{-N}$ <Chen72>.

Die Rundungsfehler, die durch unsere Implementierung entstehen, werden verursacht durch das Rechtsschieben eines Wertes um k Stellen und die anschließende Addition zum ursprünglichen Wert.

Durch das Rechtsschieben gehen relevante Mantissenstellen verloren. Dies kann man dadurch umgehen, daß man intern mit längeren Registern arbeitet und erst nach Ablauf aller Iterationsschritte rundet. Bei einer Mantissenlänge N genügen N Iterationsschritte zur Berechnung des Funktionswertes. Eine Rundung in jedem Iterationsschritt verändert damit höchstens ld(N) Registerstellen.

Wir müssen deshalb intern unsere Iterationen mit N+ld(N) Mantissenstellen berechnen und nach der N-ten Iteration auf N Stellen runden. Für 32 Bit Gleitpunktzahlen mit 24 Bit Mantissen ergeben sich intern 5 zusätzliche Bits für die Berechnung.

VII. Zusammenfassung

Die Rechnerentwicklung hat in den letzten Jahren dazu geführt, daß immer mehr neuartige Strukturen entstanden sind und immer noch entstehen.

Die Kenntnis dieser Strukturen bei der Lösung von Problemen ist zur Nutzung der enormen Leistungsfähigkeit dieser Rechner unumgänglich.

In dieser Arbeit wurden

die unterschiedlichen Strukturmerkmale von parallelen Rechnerstrukturen klassifiziert, dargestellt und deren Leistung bewertet,

die Kommunikation in Parallelrechnern durch unterschiedliche Verbindungsstrukturen skizziert und

Konstruktionsmerkmale und Komplexitätsmaße für parallele Algorithmen aufgezeigt und Algorithmen aus der linearen Algebra für Parallelrechner entwickelt.

In einem speziellen Teil wurde das Prinzip der Bit-algorithmen zur Berechnung von Standardfunktionen in der Größenordnung von 1 - 3 Gleitpunktmultiplikationszeiten durch Anwendung der Vertikalverarbeitung dargestellt und auf den klassischen von-Neumann-Rechner übertragen und bewertet. Dabei ergaben sich Berechnungszeiten in derselben Größenordnung.

Bei der Konstruktion paralleler Algorithmen hat sich gezeigt, daß ein Benutzer von Parallelrechnerstrukturen nur mit guter Kenntnis der Architektur und der Kommunikationsmechanismen die hohe Leistung solcher Rechner überhaupt ausnutzen kann. Dies führt dazu, daß man bei der Bewertung von Parallelrechnerstrukturen die Leistungskomponenten Architektur, Kommunikation und Algorithmus als Einheit betrachten muß.

Für die vergleichende Bewertung von unterschiedlichen Parallelrechnerstrukturen sind erste Ansätze vorhanden <Don87b>, <Hock88>, <Muel87> (siehe Kapitel V). Aber auch hier ist noch viel Arbeit nötig bis zu einer zufriedenstellenden Lösung.

Wünschenswert für die Zukunft ist eine strukturunabhängige Programmierung dieser Parallelrechner. Hier gibt es verschiedene interessante Ansätze für dieses schwierige Problem. Durch Einführung einer typunabhängigen Zwischensprache wird die Programmierung für den Benutzer erleichtert. Dies wird dann zu einer stärkeren Verbreitung von Parallelrechnerstrukturen führen und weitere Anregungen zur Parallelisierung von Algorithmen liefern.

Literatur zu Kapitel I:

<Bode80>   Bode A., Händler W.:

Rechnerarchitektur

Springer Verlag, Berlin, 1980

<Kuck78>   Kuck D.J.:

Computers and Computations

John Wiley & Sons, New York, 1978

<Quin87>   Quinn M.J.:

Designing Efficient Algorithms for Parallel

Computers

McGraw-Hill, New York, 1987

<Rege87>   Regenspurg G.:

Hochleistungsrechner - Architekturprinzipien

McGraw-Hill, Hamburg, 1987

<Unge89>   Ungerer T.:

Innovative Rechnerarchitekturen - Bestandsauf-

nahme, Trends, Möglichkeiten

McGraw-Hill, Hamburg, 1989

<Zurm65>   Zurmühl R.:

Praktische Mathematik

Springer Verlag, Berlin, 1965

Literatur zu Kapitel II:

<Batc80>   Batcher K.E.:

Design of a massively parallel processor

IEEE Trans. Comput., Vol. C-29, pp. 1-9

<Burr77>   Burroughs:

BSP - Overview, Perspective, Architecture

Burroughs Corporation, 1977

<Erha83>   Erhard W.:

Projektbericht PARCOMP(1)

Erlangen, 1983

<Erha84>   Erhard W., Münzel G., Reinartz K.D.:

Anwendungen des DAP

Proc. PARS-Workshop 1984, Erlangen, 1984

<Erha85>   Erhard W.:

Projektbericht PARCOMP(2)

Erlangen, 1985

<Erha87>   Erhard W.:

Abschlußbericht Projekt PARCOMP

Erlangen, 1987

<Fern86>   Fernbach S.:

Supercomputers

North-Holland, Amsterdam, 1986

<Floa86>   The FPS T-Series

Floating Point Systems, Portland, 1986

<Flyn66>   Flynn M.J.:

Very high speed computing systems

Proc. of the IEEE, Vol. 54, No.12, pp.1901-1909

<Gilo88>   Giloi W.K.:

The SUPRENUM Architecture

Conpar88, Manchester, pp. 10 - 17,

Cambridge University Press, Cambridge, 1989

<Haen73>   Haendler W.:

The concept of Macro-Pipelining with high

availability

Elektr. Rechenanlagen, Vol. 15, No. 6,

pp. 269 - 274, 1973

<Haen77>   Haendler W.:

               The impact of classification schemes on computer

               architectures

               Proc. of the 1977 Int. Conf. on Parallel

               Processing (August), pp. 7-15, IEEE, New York

<Haen83>   Händler W., Herzog U., Hofmann F.,Schneider H.J.

               Projektabschlußbericht 1978 - 1982 Erlangen

               General Purpose Array

               Arbeitsberichte des Instituts für Math.

               Maschinen und Datenverarbeitung, Band 16, Nr. 6

               Erlangen, 1983

<Haen85>   Händler W., Maehle E., Wirl K.:

               DIRMU Multiprocessor Configurations

               Proc. 1985 Int. Conf. on Parallel Processing

               pp. 652-656, St. Charles, 1985

<Hart46>   Hartree D.R.:

               The Eniac, an electronic computing machine

               Nature No. 158

<Higb72>   Higbie L.C.:

               The OMEN computers: associative array processors

               COMPCON 1972 Digest, pp. 287-290

<Hock81>   Hockney R.W., Jesshope C.R.:

               Parallel Computers

               Adam Hilger, Bristol, 1981

<Hwan84>   Hwang K., Briggs F.A.:

               Computer Architecture and Parallel Processing

               McGraw-Hill, New York, 1984

<Kowa84>   Kowalik J.S.:

               High-Speed Computation

               Springer, Berlin, 1984

<Maeh83>   Maehle E., Schmitter E.:

Workshop Fehlertolerante Mehrprozessor- und
Mehrrechnersysteme
Arbeitsberichte des Instituts für Math.
Maschinen und Datenverarbeitung, Band 16, Nr. 11
Erlangen, 1983

<Redd73>   Reddaway S.F.:

DAP - a distributed array processor
1st Annual Symp. on Comp. Architecture, Florida,
1973

<Rege87>   Regenspurg G.:

Hochleistungsrechner - Architekturprinzipien
McGraw-Hill, Hamburg, 1987

<Shor73>   Shore, J.E.:

Second thoughts on parallel processing
Computers and Electrical Engineering,
Vol. 1, No. 1, pp. 95 - 109, 1973.

<Slot62>   Slotnick D.L., Borck W.C., McReynolds R.C.:

The SOLOMON computer
AFIPS Conf. Proc., Vol. 22, pp. 97 - 107, 1962

<Stuc89>   Stucke G.:

Digitaler optischer Computer
Reihe Informatik, Band 69, BI Wissenschafts-
verlag, Mannheim, 1989

<Trel83>   Treleaven P.C., Brownbridge D.R., Hopkins R.P.:

Data-Driven and Demand-Driven Computer-
Architectures
ACM Computing Surveys, Vol.14, No.1, 3/82

<Zuse58>   Zuse K.:

Die Feldrechenmaschine

MTW-Mitteilungen, Vol. V, No.4, pp.213-220, 1958

Literatur zu Kapitel III:

<Agra86>   Agrawal D.P., Janakiram V.K., Pathak G.C.:

Evaluating the Performance of Multicomputer

Configurations

IEEE Computer, Vol. 19, No. 5, pp.23 -37, 1986

<Batc76>   Batcher K.E.:

The Flip Network in STARAN

Proc. Int. Conf. on Parallel Processing

pp. 65 - 71, 1976

<Bene62>   Benes V.E.:

On Rearrangeable Three-Stage Connecting Networks

The Bell System Technical Journal, Vol. XLI,

pp. 1481 - 1492, 1962

<Bene65>   Benes V.E.:

Mathematical Theory of Connecting Networks and

Telephone Traffic

Academic Press, 1965

<Bhuy82>   Bhuyan L.N., Agrawal D.P.:

A General Class of Processor Interconnection

Strategies

Proc. 9th Annual Symposium on Computer Arch.

Austin, pp. 90-98, 1982

<Clos53>   Clos Ch.:

A Study of Non-Blocking Switching Networks

The Bell System Technical Journal, Vol. XXXII,

pp. 406 - 424, 1953

<Erha90>   Erhard W., Pöschl D.:

NEWS versus octagonal: Results for an

alternative network on the DAP510

Erlangen, 1990, to appear

<Flan80>   Flanders P.M.:

Musical Bits - A Generalised Method for a Class

of Data Movements on the DAP

ICL Report CM70, 1980

<Hart86>   Harth D.:

Untersuchung der Prozessorkommunikation am DAP

Studienarbeit, Erlangen, 1986

<Goke73>   Goke L.R., Lipovski G.J.:

Banyan Networks for Partitioning Multiprocessing

Systems

Proc. First Annual Computer Architecture Conf.

1973, pp. 21 - 28

<Joel68>   Joel A.E.:

On Permutation Switching Networks

Bell System Technical Journal, Vol.47, No. 5

pp. 813 - 822, 1968

<Lawr75>   Lawrie D.H.:

Access and Alignment of Data in an Array

Processor

IEEE Transactions on Computers, Vol. C24, No. 12

pp. 1145-1155, 1975

<Pate81>   Patel J.H.:

Performance of Processor-Memory Interconnections

for Multiprocessors

IEEE Transactions on Computers, Vol. C30, No. 10

pp. 771 - 780, 1981

<Peas77>   Pease M.C.:

The Indirect Binary n-cube Microprocessor Array

IEEE Transactions on Computers, Vol. C26, No. 5

pp. 458-473, 1977

<Tane81>   Tanenbaum A.S.:

Computer Networks

Prentice Hall, 1981

<Waks68>   Waksman A.:

A Permutation Network

Journal of the ACM, Vol. 15, No.1, pp. 159-163,

1968

<Wu80>   Wu C., Feng T.:

On a Class of Multistage Interconnection

Networks

IEEE Transactions on Computers, Vol. C36, No. 8

pp. 694 - 702, 1980

Literatur zu Kapitel IV:

<Bren74>   Brent R.P.:

The parallel evolution of general arithmetic

expressions

Journal of the ACM, Vol. 21, pp. 201-206, 1974

<Copp87>   Coppersmith D., Winograd S.:

Matrix-multiplication via arithmetic progression

Proc. 19th Ann. ACM Symp. Theory Comput.

pp. 1-6, 1987

<Csan76>   Csanky L.:

Fast parallel matrix inversion algorithms

SIAM J. Computers, Vol. 5, pp. 618 - 623, 1976

<Erha84>   Erhard W., Münzel G., Reinartz K.D.:

Anwendungen des DAP

Proc. PARS-Workshop 1984, Erlangen, 1984

<Erha86>   Erhard W.:

Feldrechner DAP: Invertierung großer Matrizen

Arbeitsberichte des Inst. f. Math. Maschinen u.

DV, Vol. 19, No. 1, Erlangen, 1986

<Gold71>   Goldschneider P., Zemanek H.:

Computer - Werkzeug der Information

Springer Verlag, Berlin, 1971

<Hell78>   Heller D.:

A Survey of Parallel Algorithms in Numerical

Linear Algebra

SIAM Review, Vol. 20, No. 4, pp. 740 - 777, 1978

<Henn84>   Henning W., Volkert J.:

Multiplikation von Matrizen auf EGPA-Multi-

prozessoren

PARS-Mitteilungen No. 2, pp. 96 - 106, Erlangen

1984

<Hoss80>   Hoßfeld F.:

Parallelprozessoren und Algorithmenstruktur

Bericht Jül-Spez-87, Kernforschungsanstalt

Jülich, 1980

<Munr73>   Munro I., Paterson M.:

Optimal algorithms for parallel polynomial

evaluation

Journal on Computer System Science, 7,

pp. 189 -198, 1973

<Schn81>   Schneider H.J.:

Problemorientierte Programmiersprachen

Teubner Verlag, Stuttgart, 1981

<Schw68>   Schwarz H.R., Rutishauser H., Stiefel E.:

Numerik symetrischer Matrizen

Teubner Verlag, Stuttgart, 1968

<Sher49>   Sherman J., Morrison W.J.:

Adjustment of an Inverse Matrix Corresponding to

Changes in the Elements of a Given Column or a

Given Row of the Original Matrix

Ann. Math. Stat., Vol. 20, p. 621, 1949

<Stra69>   Strassen V.:

Gaussian elimination is not optimal

Numer. Math. Vol. 13, pp. 354 - 356, 1969

<Wilk71>   Wilkinson J.H., Reinsch C.:

Handbook for Automatic Computation, Vol. II

Linear Algebra, Springer-Verlag, Berlin, 1971

<Wino70>   Winograd S.:

On the number of multiplications to compute

certain functions

Comm. Pure and Appl. Math., Vol. 23, pp.165-179,

1970

Literatur zu Kapitel V:

<Curn76>   Curnow H.J., Wichmann B.A.:

A Synthetic Benchmark

Computer Journal, Vol. 19, 1976

<Don87a>   Dongarra J.J.:

Performance of Various Computers Using Standard

Linear Equations Software in a Fortran

Environment

Argonne National Laboratory MCS-TM-23, 1987

<Don87b>   Dongarra J.J.:

The LINPACK Benchmark: An Explanation

Speedup, Vol. 1, No. 1, 1987

<Hart87>   Hartmann I., Klar R., Maertens D., Schmielau W.:

Stand des Entwurfsystems ERES - 1986

Arbeitsberichte des Inst. f. Math. Maschinen u.

DV, Vol. 20, No. 4, Erlangen, 1987

<Herz89>   Herzog U.:

Leistungsbewertung und Modellbildung für

Parallelrechner

Informationstechnik-it, No. 1, pp. 31 -38, 1989

<Hock88>   Hockney R.W., Jesshope C.R.:

Parallel Computers 2

Adam Hilger, Bristol, 1988

<Muel87>   Müller-Wichards D.:

An Algebraic Approach to Performance Analysis

in Parallel Computing in Science and engineering

Lecturer Notes in Computer Science No. 295,

pp. 159 - 185, Springer Verlag, Berlin, 1987

<Schr78>   Schreiber H.:

Hardware-Messungen und Analyse des Ablauf-

geschehens in Rechnerkernen

Arbeitsberichte des Inst. f. Math. Maschinen u.

DV, Vol. 11, No. 7, Erlangen, 1978

<Thal89>   Thalhofer K.:

Automatische Generierung von Programmen für

SIMD-Parallelrechner aus Spezifikationen

Arbeitsberichte des Inst. f. Math. Maschinen u.

DV, Vol. 22, No. 14, Erlangen, 1989

<Weic84>   Weicker R.P.:

Dhrystone: A synthetic systems programming

benchmark

Comm. of the ACM, Vol. 27, No. 10, 1984

Literatur zu Kapitel VI:

<Chen72>   Chen T.C.:

Automatic Computation of Exponentials,

Logarithms, Ratios and Square Roots

IBM Journal Res. Develop., Vol. 7, pp. 380 - 388

1972

<Gost79>   Gostick R.W.:

Software and algorithms for the DAP

ICL Technical Journal, Vol. 1, No.2,

pp. 116 - 135, 1979

<Lanc56>   Lanczos C.:

Applied Analysis

Prentice Hall, New York, 1956

<Megg62>   Meggitt J.E.:

Pseudo Division and Pseudo Multiplication

Processes

IBM Journal Res. Develop., Vol. 6, pp. 210 - 226

1962

<Rals60>   Ralston A., Wilf H. S.:

              Mathematical Methods for Digital Computers

              John Wiley and Sons, Inc., 1960

<Sark71>   Sarkar B.P., Krishnamurthy E.V.:

              Economic Pseudodivision Processes for Obtaining

              Square Root, Logarithm and Arctan

              IEEE Trans. Computers, C20, pp. 1589 - 1593,

              1971

<Vold59>   Volder J.:

              The CORDIC trigonometric computing technique

              IRE Trans. Electronic Comput. EC-8, No.3,

              pp. 330 - 334, 1959

Index

Leitfäden und Monographien der Informatik

Bolch: **Leistungsbewertung von Rechensystemen mittels analytischer Warteschlangenmodelle**
320 Seiten. Kart. DM 44,–

Brauer: **Automatentheorie**
493 Seiten. Geb. DM 62,–

Dal Cin: **Grundlagen der systemnahen Programmierung**
221 Seiten. Kart. DM 36,–

Doberkat/Fox: **Software Prototyping mit SETL**
227 Seiten. Kart. DM 38,–

Ehrich/Gogolla/Lipeck: **Algebraische Spezifikation abstrakter Datentypen**
246 Seiten. Kart. DM 38,–

Engeler/Läuchli: **Berechnungstheorie für Informatiker**
120 Seiten. Kart. DM 26,–

Erhard: **Parallelrechnerstrukturen**
X, 251 Seiten. Kart. DM 39,80

Hentschke: **Grundzüge der Digitaltechnik**
247 Seiten. Kart. DM 36,–

Hotz: **Einführung in die Informatik**
548 Seiten. Kart. DM 52,–

Kiyek/Schwarz: **Mathematik für Informatiker 1**
307 Seiten. Kart. DM 39,80

Klaeren: **Vom Problem zum Programm**
228 Seiten. Kart. DM 32,–

Kolla/Molitor/Osthof: **Einführung in den VLSI-Entwurf**
352 Seiten. Kart. DM 48,–

Loeckx/Mehlhorn/Wilhelm: **Grundlagen der Programmiersprachen**
448 Seiten. Kart. DM 48,–

Mehlhorn: **Datenstrukturen und effiziente Algorithmen**
Band 1: Sortieren und Suchen
2. Aufl. 317 Seiten. Geb. DM 49,80

Messerschmidt: **Linguistische Datenverarbeitung mit Comskee**
207 Seiten. Kart. DM 36,–

Niemann/Bunke: **Künstliche Intelligenz in Bild- und Sprachanalyse**
256 Seiten. Kart. DM 38,–

B. G. Teubner Stuttgart

Leitfäden und Monographien der Informatik

B. G. Teubner Stuttgart